2023
气象科技论文统计分析年度报告

中国气象局气象干部培训学院　编著

内容简介

本书数据来源于科睿唯安 Web of Science 平台核心合集"科学引文索引"（SCI）和中国知网（CNKI）。全书从全球、中国和中国气象局三个维度，对 2022 年度气象科技论文产出进行统计分析，以观察这一年气象领域在科技进展、研究热点、国家与机构学术影响力及其竞争格局等多方面态势。同时围绕中国气象局推进"人工影响天气业务转型发展"需求，本书还揭示了 2000 年以来人工影响天气领域科技论文产出情况。可为有关部门客观评价科研成果、开展科研管理设计、推进我国实现高水平气象科技自立自强提供参考。

图书在版编目（CIP）数据

2023 气象科技论文统计分析年度报告 / 中国气象局气象干部培训学院编著. -- 北京：气象出版社，2024.9. -- ISBN 978-7-5029-8309-3

Ⅰ．P4-53

中国国家版本馆 CIP 数据核字第 2024QX5428 号

2023 气象科技论文统计分析年度报告

2023 Qixiang Keji Lunwen Tongji Fenxi Niandu Baogao

出版发行：气象出版社
地　　址：北京市海淀区中关村南大街 46 号　　邮政编码：100081
电　　话：010-68407112（总编室）　　010-68408042（发行部）
网　　址：http://www.qxcbs.com　　E-mail：qxcbs@cma.gov.cn
责任编辑：隋珂珂　　　　　　　　　　　　　终　审：张　斌
责任校对：张硕杰　　　　　　　　　　　　　责任技编：赵相宁
封面设计：艺点设计

印　　刷：北京建宏印刷有限公司
开　　本：710 mm × 1000 mm　1/16　　印　张：3.5
字　　数：73 千字
版　　次：2024 年 9 月第 1 版　　　　　　　印　次：2024 年 9 月第 1 次印刷
定　　价：38.00 元

本书如存在文字不清、漏印以及缺页、倒页、脱页等，请与本社发行部联系调换。

2022年国务院印发的《气象高质量发展纲要（2022—2035年）》明确了气象事业的科技型、基础性、先导性社会公益事业定位，提出坚持创新驱动发展、需求牵引发展、多方协同发展，加快推进气象现代化建设。气象科技论文是气象领域原始创新的重要表现形式，体现大气科学及相关领域最活跃、最前沿、最新的研究活动，也包含最具代表性的研究成果，是气象科技创新的风向标。

为准确了解和把握国内外气象科技创新态势，从文献产出角度为推进气象创新提供情报支撑，中国气象局科技与气候变化司和中国气象局气象干部培训学院连续第十年联合编制《气象科技论文统计分析年度报告》。

《2023气象科技论文统计分析年度报告》（简称《报告》）从全球、中国和中国气象局三个层面，全面展示2022年度气象科技论文产出情况，客观揭示全球2022年气象科技研究进展、研究热点和竞争格局；通过高被引论文、高影响期刊论文等指标，展现气象科技论文的学术影响力，同时对中国气象局气象科技论文的研究热点、学术影响、与国际同行对比等方面进行了揭示。围绕中国气象局推进"人工影响天气业务转型发展"需求，《报告》还揭示了2000年以来人工影响天气领域科技论文产出情况，分析人工影响天气研究领域核心主题、热点问题的演变及未来可能的研究方向，为管理部门提供参考。

《报告》论文数据来源于科睿唯安 Web of Science 平台核心合集"科学引文索引"（SCI）数据库和中国知网（CNKI）旗下的中国学术期刊网络出版总库（CAJD）。其中，第 2 章数据来源于 SCI 数据库收录的 2022 年"气象和大气科学"领域的研究论文和综述文献，以及 Nature（《自然》）、Science（《科学》）和 PNAS（Proceedings of the National Academy of Sciences of the United States of America,《美国国家科学院院刊》）三种高影响综合期刊的"气象和大气科学"领域研究论文和综述；第 3 章数据来源于 CAJD 数据库基础学科"气象学"学科论文；第 4 章数据来源于 SCI 和 CAJD 数据库所有学科领域机构署名中包含中国气象局的论文；第 5 章数据来源于 SCI 数据库收录的 2000—2022 年人工影响天气领域相关研究论文和综述。上述数据检索时间为 2023 年 7—9 月。

报告由中国气象局科技与气候变化司指导，中国气象局气象干部培训学院编制。具体分工为：第 1、2 章由马旭玲负责编写，第 3 章由刘文钊负责编写，第 4 章第 1 节由张定媛负责编写，第 2 节由刘文钊负责编写，第 5 章由李婧华负责编写；田晓阳承担了部分图片的制作。《报告》由马旭玲统稿，刘东贤审定。

在编写过程中，编写团队力求精益求精，努力做到严格规范、细致准确。但由于专业限制和数据来源等原因，难免存在一些疏漏和错误，恳请广大读者批评指正。

编写组

2024 年 5 月

前言
第❶章 年报摘要 ·· 01
第❷章 2022 年国际气象科技论文 ·· 03
  2.1 全球产出情况 ·· 03
    2.1.1 发文量 ··· 03
    2.1.2 国家分布 ·· 03
    2.1.3 机构分布 ·· 03
    2.1.4 期刊分布 ·· 05
    2.1.5 交叉学科 ·· 06
    2.1.6 主题分布 ·· 07
  2.2 中国产出情况 ·· 08
    2.2.1 发文量 ··· 08
    2.2.2 机构分布 ·· 09
    2.2.3 国际合作 ·· 09
    2.2.4 期刊分布 ·· 11
    2.2.5 交叉学科 ·· 12
  2.3 学术影响力 ·· 13
    2.3.1 高被引论文 ·· 13
    2.3.2 高影响期刊论文 ·· 17
    2.3.3 *Nature*、*Science* 和 *PNAS* 刊载的气象科技论文 ············ 17
  2.4 近 5 年全球气象科技论文产出及学术影响力 ······························ 19

第3章 2022年国内气象科技论文 ... 27
3.1 发文量 ... 27
3.2 机构分布 ... 27
3.3 交叉学科 ... 28
3.4 期刊分布 ... 29

第4章 2022年中国气象局科技论文 ... 31
4.1 国际论文产出情况 ... 31
4.1.1 发文量 ... 31
4.1.2 研究领域 ... 33
4.1.3 期刊分布 ... 33
4.1.4 研究热点 ... 34
4.1.5 学术影响力 ... 35
4.1.6 与国际同行对比 ... 40
4.2 国内论文产出情况 ... 42
4.2.1 发文量 ... 42
4.2.2 机构分布 ... 42
4.2.3 研究领域 ... 43
4.2.4 期刊分布 ... 44

第5章 专题研究——人工影响天气领域研究态势分析 ... 45
5.1 发文量 ... 45
5.2 国家分布 ... 45
5.3 机构分布 ... 47
5.4 国际合作 ... 48
5.5 研究主题 ... 49
5.6 基金资助 ... 50

第1章 年报摘要

摘要1 2022年，中国首次超越美国，成为全球发表国际气象科技论文最多的国家

正文： 2022年全球共发表国际气象科技论文17855篇，较2021年（18649篇）少4.3%。中、美两国发文量远高于其他国家，分别发表国际气象科技论文6047篇和4872篇，两国合计发文量占全球国际气象科技论文总量的61.2%。中国首次超越美国成为全球发表国际气象科技论文最多的国家。

摘要2 从论文的主要产出机构看，来自中、美两国的机构最多，且中国的机构表现突出

正文： 国际气象科技论文发文量排名前二十的机构中，有7个来自美国，6个来自中国，2个来自法国，美国、中国、法国分列前三位。发文量排名前五的机构分别为中国科学院、中国气象局、南京信息工程大学、法国国家科学研究中心和美国加利福尼亚大学。

摘要3 国际气象科技论文中，环境科学、地球科学多学科、水资源是交叉最多的学科，"ENSO""气溶胶""热带气旋"等是关注度较高的研究主题

正文： 环境科学、地球科学多学科、水资源、天文天体物理、海洋学、航空航天工程、地球化学物理、环境研究、农学和林学是2022年国际气象科技论文排名前十的交叉学科（基于Web of Science类别统计）。"ENSO""气溶胶""热带气旋""云""蒸散"共同出现在发文量前十国家的微观引文主题中，其中"ENSO"是全部10个国家发文量排名前三的微观引文主题之一。

摘要4 中国学者发表的国际气象科技论文中，超过三分之一来自国际合作，美国是首要合作对象

正文： 2022年中国学者发表的国际气象科技论文中，有2153篇来自国际合作，

占总发文量的 35.6%。与中国学者合作 20 篇及以上的国家有 31 个，其中与美国学者的合作论文达 967 篇，占中国国际合作论文总量的 44.9%。美国加利福尼亚大学、法国国家科学研究中心、美国国家海洋和大气管理局、法国研究型大学联盟、美国能源部是与中国合作发文量排名前五的机构。

摘要 5 从大气科学领域高被引论文量看，中国首次超越美国，排名全球第一

正文：2022 年，来自中国学者的高被引论文共计 55 篇，超过美国学者发表的 44 篇，排名第一。中国首次超越美国，成为发表高被引论文最多的国家。中国科学院、美国国家航空航天局、美国国家大气研究中心、美国国家海洋和大气管理局以及科罗拉多大学是高被引气象科技论文排名前五的机构。

摘要 6 中国气象局的国际论文量继续保持稳定增长

正文：2022 年，中国气象局共发表国际论文 2317 篇，较 2021 年增长 19.4%；在 Q1 期刊发文 1223 篇，较 2021 年增长 18.9%。国际论文中，591 篇为国际合作论文，美国国家海洋和大气管理局为合作最密切的机构。

摘要 7 国家级气象科研院所是气象部门发表国际论文的主力

正文：2022 年，中国气象局直属单位发表国际论文 1278 篇，其中 699 篇来自中国气象科学研究院，占 54.7%；地方气象部门发表国际论文 1242 篇，其中 487 篇来自八个专业气象科研院所，占 39.2%。

摘要 8 在人工影响天气研究领域，美国、中国、印度的发文量排名前三，数值模拟、云微物理过程和播云催化等是研究热点

正文：2000—2022 年，美国、中国、印度、以色列、德国、日本、俄罗斯、英国、加拿大和澳大利亚是人工影响天气领域发文量排名前十的国家。印度热带气象研究所、美国国家大气研究中心和中国科学院是发文量排名前三的机构。播云催化、数值模拟、参数化、云微物理过程、气溶胶、气候变化、对流云、雷达、干旱和催化剂是近 5 年人工影响天气领域排名前十的研究热点。

第 2 章　2022 年国际气象科技论文

2.1 全球产出情况

2.1.1 发文量

2022 年，全球共发表国际气象科技论文[①]17855 篇，较 2021 年的 18649 篇少了 4.3%，其中中国和美国的国际气象科技论文发文量持续领跑，中国首次超越美国，成为全球国际气象科技论文发表最多的国家。

2.1.2 国家分布

2022 年，发表国际气象科技论文前二十的国家发文总计 16268 篇[②]，占发文总量的 91.1%（图 2.1）。中国、美国、英国、德国和印度发文量排名前五。

2.1.3 机构分布

2022 年，全球共有 103 个机构发表国际气象科技论文超过 100 篇。在发文量排名前二十的机构中（表 2.1），有 7 个来自美国、6 个来自中国、2 个来自法国，来自德国、俄罗斯、英国、瑞士、印度的各 1 个。从机构性质来看，前二十的机构中，有 11 所大学、5 个政府机构以及 4 个科研机构。中国科学院发表国际气象科技论文最多，为 1909 篇，占总论文量的 10.7%，中国气象局、南京信息工程大学、法国国家科学研究中心、美国加利福尼亚大学和美国国家海洋和大气管理局的发文量均超过 600 篇，是发表国际气象科技论文较多的机构。

---

① 国际气象科技论文指 SCI 收录的"气象和大气科学"领域的研究论文和综述。
② 由于存在国家间合作发表论文情况，因此各国发文量之和大于年度论文总量，下同。

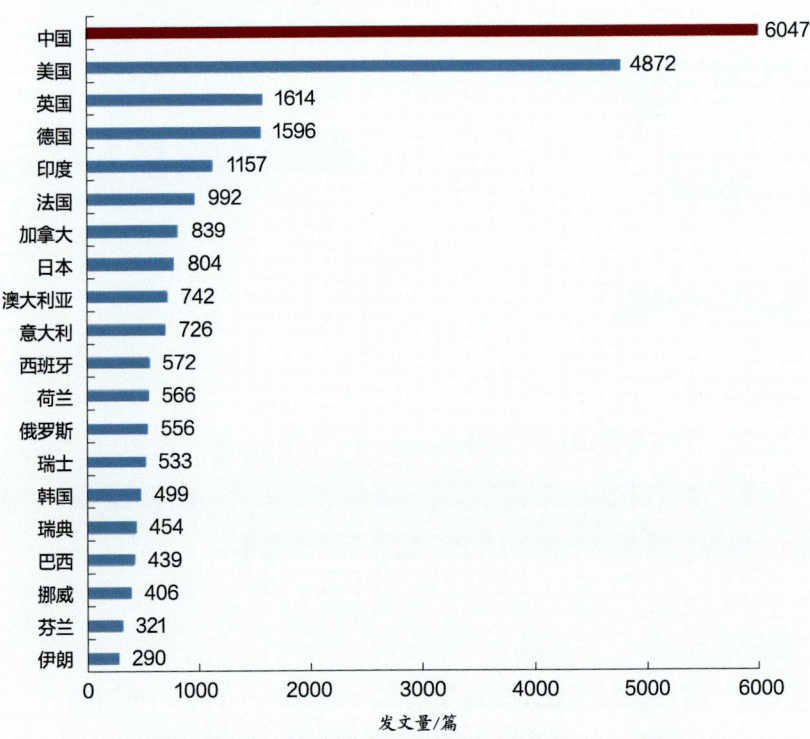

图 2.1　2022 年国际气象科技论文发文量前二十的国家

表 2.1　2022 年国际气象科技论文发文量前二十的机构

序号	机构名称	发文量/篇	国际气象科技论文占比/%
1	中国科学院	1909	10.7
2	中国气象局	1108	6.2
3	南京信息工程大学	747	4.2
4	法国国家科学研究中心	717	4.0
5	美国加利福尼亚大学	633	3.5
6	美国国家海洋和大气管理局	615	3.4
7	德国赫姆霍兹联合会	563	3.2
8	法国研究型大学联盟	543	3.0
9	美国国家航空航天局	487	2.7
10	中山大学	443	2.5
11	美国国家大气研究中心	430	2.4

续表

序号	机构名称	发文量/篇	国际气象科技论文占比/%
12	美国科罗拉多大学	396	2.2
13	美国能源部	382	2.1
14	俄罗斯科学院	367	2.1
15	英国N8研究伙伴关系	330	1.8
16	瑞士联邦技术学院	328	1.8
17	北京师范大学	284	1.6
18	印度理工学院	281	1.6
19	南京大学	268	1.5
20	马里兰大学	251	1.4

2.1.4 期刊分布

2022年，国际气象科技论文共发表在94种学术期刊上。*Atmosphere*、*Environmental Research Letters*、*Atmospheric Chemistry and Physics*、*Journal of Geophysical Research-Atmospheres* 和 *International Journal of Disaster Risk Reduction* 为刊载量最多的5种期刊（表2.2）。其中，刊载论文量排名前四的期刊与2021年相同。

表2.2 2022年国际气象科技论文来源期刊（发文量≥200篇）

序号	英文刊名	中文刊名	发文量/篇	百分比/%	分区
1	Atmosphere	大气	2101	11.8	Q3
2	Environmental Research Letters	环境研究快报	845	4.7	Q1
3	Atmospheric Chemistry and Physics	大气物理和化学	788	4.4	Q1
4	Journal of Geophysical Research-Atmospheres	地球物理研究杂志——大气	733	4.1	Q1
5	International Journal of Disaster Risk Reduction	国际减灾杂志	722	4.0	Q1
6	Natural Hazards	自然灾害	645	3.6	Q2

续表

序号	英文刊名	中文刊名	发文量/篇	百分比/%	分区
7	Climate Dynamics	气候动力学	539	3.0	Q2
8	Atmospheric Environment	大气环境	533	3.0	Q2
9	Advances in Space Research	空间研究进展	528	3.0	Q3
10	Water Air and Soil Pollution	水、空气和土壤污染	527	3.0	Q3
11	Atmospheric Research	大气研究	523	2.9	Q1
12	Journal of Climate	气候杂志	462	2.6	Q1
13	Theoretical and Applied Climatology	理论与应用气候学	444	2.5	Q2
14	International Journal of Climatology	国际气候学杂志	442	2.5	Q2
15	Agricultural and Forest Meteorology	农林气象学	399	2.2	Q1
16	Atmospheric Measurement Techniques	大气测量技术	375	2.1	Q2
17	Urban Climate	城市气候	308	1.7	Q1
18	Communications Earth Environment	地球环境通讯	300	1.7	Q1
19	Earth System Science Data	地球系统科学数据	270	1.5	Q1
20	Earths Future	地球的未来	258	1.4	Q1
21	Journal of Advances in Modeling Earth Systems	地球系统模式进展杂志	249	1.4	Q1
22	Natural Hazards and Earth System Sciences	自然灾害与地球系统科学	218	1.2	Q2
23	Physics and Chemistry of the Earth	地球物理与化学	216	1.2	Q2

数据来源：科睿唯安《2022年期刊引证报告》。

2.1.5 交叉学科

从2022年发表的国际气象科技论文所属学科看，排名前十的交叉学科与2021年相同。其中，环境科学、地球科学多学科和水资源等学科交叉最多，占比分别为39.3%、22.0%和14.9%（图2.2）。

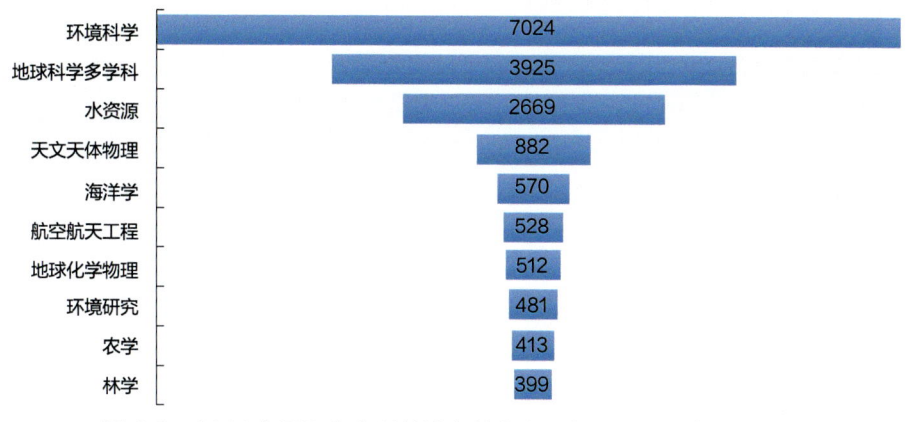

图 2.2　2022 年国际气象科技论文前十交叉学科发文量（单位：篇）

2.1.6　主题分布

通过微观引文主题（表 2.3）分析来关注各国研究中涉及的具体主题。一些主题是多个国家共同关注的焦点，如"ENSO""气溶胶""热带气旋""云""蒸散"。在发文量前十的国家中，"ENSO"是 10 个国家发文量排名前三的微观引文主题之一，"气溶胶"是其中 8 个国家发文量排名前三的微观引文主题之一。"热带气旋"是其中 6 个国家发文量排名前三的微观引文主题之一。

此外，各国排名前十的微观引文主题也各具特色，如"地震"只出现在印度排名前十的微观引文主题中，"内波"只出现在法国排名前十的微观引文主题中，"多年冻土"只出现在加拿大排名前十的微观引文主题中，"磁层"只出现在日本排名前十的微观引文主题中，"热浪"只出现在澳大利亚排名前十的微观引文主题中，"火山"只出现在意大利排名前十的微观引文主题中。

还有一些引文主题是部分国家共同关注的，如"电离层"共同出现在中国、美国、印度和日本排名前十的微观引文主题中，"冰川"共同出现在中国、英国和加拿大排名前十的微观引文主题中，"全新世"共同出现在德国和法国排名前十的微观引文主题中，"山体滑坡"共同出现在印度和意大利排名前十的微观引文主题中，"森林火灾"共同出现在美国和澳大利亚排名前十的微观引文主题中。

表 2.3　2022 年主要发文国家排名前十的微观引文主题

序号	中国	美国	英国	德国	印度	法国	加拿大	日本	澳大利亚	意大利
1	ENSO	热带气旋	ENSO	ENSO	ENSO	气溶胶	ENSO	热带气旋	ENSO	气溶胶
2	气溶胶	ENSO	气溶胶	气溶胶	热带气旋	ENSO	气溶胶	ENSO	蒸散	ENSO
3	热带气旋	气溶胶	热带气旋	云	蒸散	云	热带气旋	气溶胶	气候变化适应	城市热岛
4	蒸散	云	气候变化适应	蒸散	气溶胶	热带气旋	蒸散	气候变化适应	热带气旋	热带气旋
5	城市热岛	蒸散	云	热带气旋	电离层	蒸散	多年冻土	水力压裂	森林火灾	蒸散
6	云	气候变化适应	水力压裂	城市热岛	气候变化适应	水力压裂	云	蒸散	水力压裂	气候变化适应
7	电离层	水力压裂	年轮气候学	水力压裂	城市热岛	内波	水力压裂	城市热岛	热浪	山体滑坡
8	年轮气候学	城市热岛	城市热岛	年轮气候学	云	城市热岛	气候变化适应	电离层	气溶胶	云
9	冰川	电离层	蒸散	气候变化适应	地震	年轮气候学	冰川	云	云	火山
10	气候变化适应	森林火灾	冰川	全新世	山体滑坡	全新世	城市热岛	磁层	年轮气候学	年轮气候学

2.2　中国产出情况

2.2.1　发文量

2022 年，中国共发表国际气象科技论文 6047 篇，约占国际气象科技论文总量的 33.9%。

2.2.2 机构分布

2022 年，中国发表国际气象科技论文 40 篇及以上的机构（图 2.3），分别属于中国科学院、高校及其他部门。

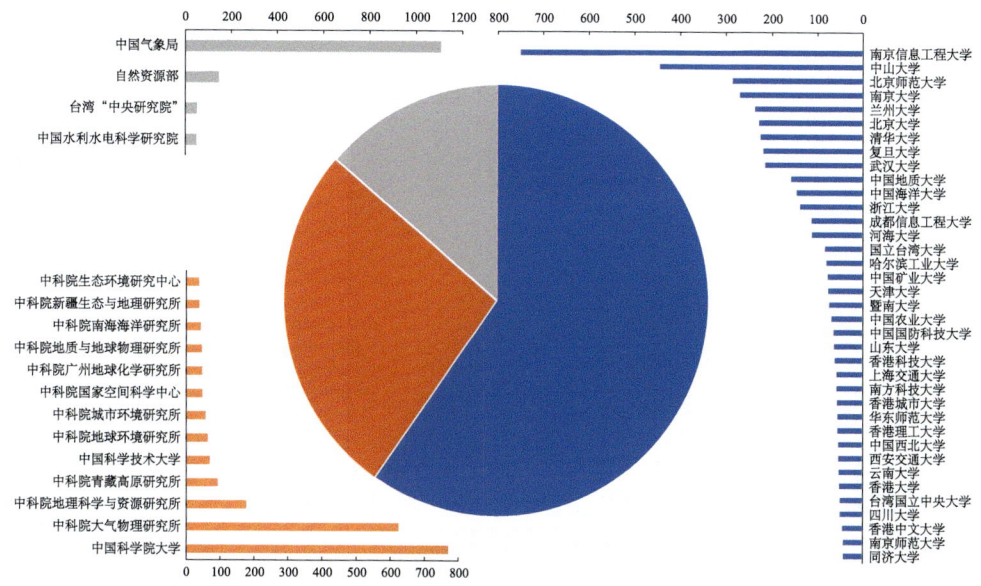

图 2.3　2022 年中国发表国际气象科技论文的主要机构

中国科学院发文量占国际气象科技论文总量的 10.7%，其中，中国科学院大学（773 篇）、中国科学院大气物理研究所（628 篇）、中国科学院地理科学与资源研究所（179 篇）发文量均超过了 100 篇。

从高校看，共有 14 所高校的发文量超过 100 篇，南京信息工程大学（747 篇）是发文量最多的国内高校。

2.2.3 国际合作

2022 年，中国发表的国际气象科技论文中有 2153 篇为国际合作论文，占比 35.6%。有 31 个国家与中国合作发表论文 20 篇及以上（图 2.4），美国是最主要的合作对象，合作发表论文 967 篇，占中国国际合作论文总量的 44.9%。

图 2.4　2022 年中国国际气象科技论文合作 20 篇以上的国家

与中国合作发文量排名前二十的机构中（表 2.4），有 9 个美国机构，4 个法国机构，2 个德国机构，瑞士、英国、澳大利亚、芬兰、瑞典各 1 个机构。美国加利福尼亚大学、法国国家科学研究中心、美国国家海洋和大气管理局、法国研究型大学联盟、美国能源部是与中国合作密切的国际机构。

表 2.4　2022 年与中国合作发文量排名前二十的机构

序号	合作机构名称	合作论文数/篇	占中国国际合作论文数百分比/%
1	美国加利福尼亚大学	112	5.2
2	法国国家科学研究中心	103	4.8
3	美国国家海洋和大气管理局	96	4.5
4	法国研究型大学联盟	91	4.2
5	美国能源部	91	4.2
6	德国赫姆霍兹联合会	86	4.0
7	美国国家大气研究中心	83	3.9
8	瑞士联邦技术学院	68	3.2
9	美国马里兰大学	62	2.9
10	美国夏威夷大学	57	2.6
11	德国马克斯·普朗克学会	55	2.6

续表

序号	合作机构名称	合作论文数/篇	占中国国际合作论文数百分比/%
12	科罗拉多大学	50	2.3
13	美国国家航空航天局	49	2.3
14	巴黎萨克雷大学	49	2.3
15	英国N8研究伙伴关系	48	2.2
16	纽约州立大学	47	2.2
17	澳大利亚联邦科学工业研究组织	45	2.1
18	芬兰赫尔辛基大学	44	2.0
19	巴黎大学	41	1.9
20	哥德堡大学	40	1.9

2.2.4 期刊分布

2022年，中国国际气象科技论文共刊载在89种期刊上，其中有19种发文量在100篇以上（表2.5），发文量占中国发表国际气象科技论文总量的76.6%（表2.5）。

发表中国气象科技论文量最多的五种期刊分别是：*Atmosphere*、*Journal of Geophysical Research-Atmospheres*、*Atmospheric Research*、*Atmospheric Environment* 和 *Atmospheric Chemistry and Physics*。中国科学院大气物理研究所主办的英文期刊 *Advances in Atmospheric Sciences* 是刊载中国国际气象科技论文最多的国内期刊。

表2.5 2022年中国国际气象科技论文发表期刊分布

序号	英文刊名	中文刊名	发文量/篇	百分比/%	分区
1	*Atmosphere*	大气	1032	17.1	Q3
2	*Journal of Geophysical Research-Atmospheres*	地球物理研究杂志——大气	331	5.5	Q1
3	*Atmospheric Research*	大气研究	328	5.4	Q1
4	*Atmospheric Environment*	大气环境	274	4.5	Q2
5	*Atmospheric Chemistry and Physics*	大气物理与化学	271	4.5	Q1

续表

序号	英文刊名	中文刊名	发文量/篇	百分比/%	分区
6	Climate Dynamics	气候动力学	261	4.3	Q2
7	Environmental Research Letters	环境研究快报	244	4.0	Q1
8	Natural Hazards	自然灾害	213	3.5	Q2
9	Agricultural and Forest Meteorology	农林气象学	209	3.5	Q1
10	Journal of Climate	气候杂志	209	3.5	Q1
11	Advances in Space Research	空间研究进展	191	3.2	Q3
12	International Journal of Climatology	国际气候学杂志	191	3.2	Q2
13	International Journal of Disaster Risk Reduction	国际减少灾害风险杂志	154	2.5	Q1
14	Urban Climate	城市气候	138	2.3	Q1
15	Water Air and Soil Pollution	水、空气和土壤污染	132	2.2	Q3
16	Advances in Atmospheric Sciences	大气科学进展	128	2.1	Q1
17	Theoretical And Applied Climatology	理论与应用气候学	127	2.1	Q2
18	Earth's Future	地球的未来	102	1.7	Q1
19	Earth System Science Data	地球系统科学数据	100	1.7	Q1

数据来源：科睿唯安《2022年期刊引证报告》。

2.2.5 交叉学科

2022年中国发表的国际气象科技论文中，排名前十的交叉学科与国际气象科技论文相同。与环境科学、地球科学多学科和水资源等学科交叉最多，占比分别为42.0%、18.6%和11.4%（图2.5）。

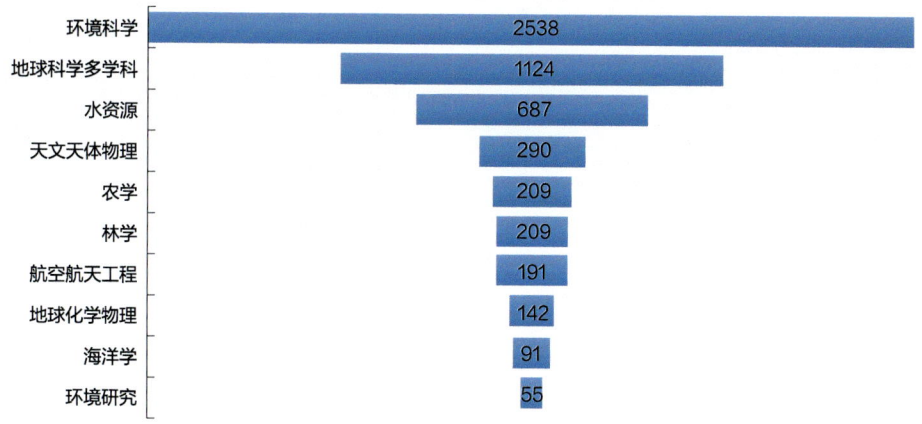

图 2.5　2022 年中国发表国际气象科技论文排名前十的交叉学科发文量（单位：篇）

2.3　学术影响力

2.3.1　高被引论文[①]

2022 年，全球共有大气科学领域高被引论文 105 篇。从发文量看，中国以 55 篇居首位，首次超越美国；美国以 44 篇排名第二；其次是英国和德国，高被引气象科技论文分别为 20 篇和 17 篇（图 2.6）。2022 年排名前二十的高被引论文见表 2.6。

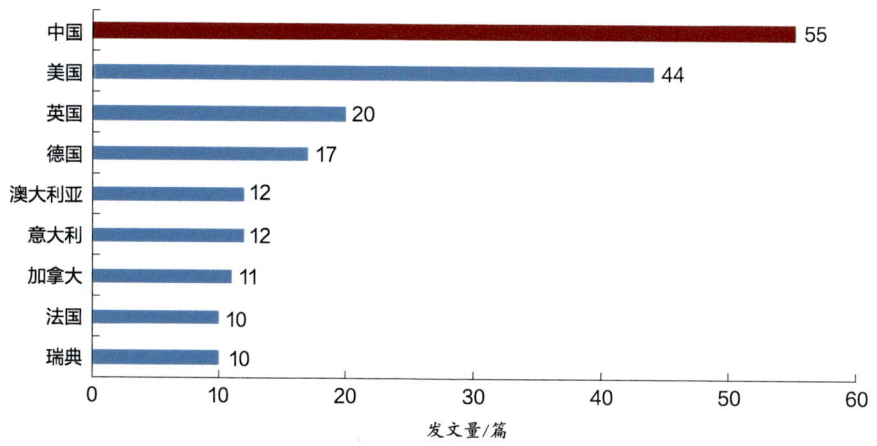

图 2.6　2022 年国际气象科技高被引论文发文量 10 篇及以上国家

---

① 高被引论文是指过去 10 年发表的论文中，被引频次在同年同学科的论文中排名前 1% 的论文。高被引论文可以帮助锁定某一学科领域中的突破性研究。

表 2.6　2022 年国际气象科技论文排名前二十的高被引论文

序号	论文题目	来源期刊	第一作者	第一机构
1	Global carbon budget 2021	Earth System Science Data	Friedlingstein, Pierre	埃克塞特大学
2	The Arctic has warmed nearly four times faster than the globe since 1979	Communications Earth & Environment	Rantanen, Mika	芬兰气象研究所
3	Rapid intensification of the emerging Southwestern North American megadrought in 2020–2021	Nature Climate Change	Williams, A.Park	加利福尼亚大学
4	Pronounced loss of Amazon rainforest resilience since the early 2000s	Nature Climate Change	Boulton, Chris A.	埃克塞特大学
5	Global carbon budget 2022	Earth System Science Data	Friedlingstein, Pierre	埃克塞特大学
6	Supply chain disruption during the COVID-19 pandemic: Recognizing potential disruption management strategies	International Journal of Disaster Risk Reduction	Moosavi, Javid	悉尼科技大学
7	Over half of known human pathogenic diseases can be aggravated by climate change	Nature Climate Change	Mora, Camilo	夏威夷大学
8	Inequitable patterns of US flood risk in the Anthropocene	Nature Climate Change	Wing, Oliver E.J.	英国布里斯托大学
9	Vegetation greening, extended growing seasons, and temperature feedbacks in warming temperate grasslands of China	Journal of Climate	Shen, Xiangjin	中国科学院东北地理与农业生态研究所
10	A possible dynamic mechanism for rapid production of the extreme hourly rainfall in Zhengzhou City on 20 July 2021	Journal of Meteorological Research	Yin, Jinfang	中国气象局灾害天气国家重点实验室

续表

序号	论文题目	来源期刊	第一作者	第一机构
11	Smog prediction based on the deep belief- BP neural network model (DBN-BP)	Urban Climate	Tian, Jiawei	电子科技大学
12	Statistical analysis of regional air temperature characteristics before and after dam constru- ction	Urban Climate	Chen, Ziyi	绍兴文理学院
13	Increasing Tibetan Plateau terrestrial evapo- transpiration primarily driven by precipitation	Agricultural and Forest Meteorology	Ma, Ning	中国科学院地理科学与资源研究所
14	Inconsistency in historical simulations and future projections of temperature and rainfall: A comparison of CMIP5 and CMIP6 models over Southeast Asia	Atmospheric Research	Hamed, Mohammed Magdy	埃及知识库
15	Synergetic efficacy of amending Pb polluted soil with P-Loaded Jujube (Ziziphus mauri- tiana) twigs biochar and foliar chitosan application for reducing Pb distribution in moringa leaf extract and improving its anti-cancer	Water Air and Soil Pollution	Rasool, Bilal	巴基斯坦费萨拉巴德政府学院
16	Will China achieve its 2060 carbon neutral commitment from the provincial perspective?	Advances in Climate Change Research	Sun, Li-Li	中国科学院地理科学与资源研究所
17	Effect of shrub encroachment on land surface temperature in semi-arid areas of temperate regions of the Northern Hemisphere	Agricultural and Forest Meteorology	Shen, Xiangjin	中国科学院东北地理与农业生态研究所

续表

序号	论文题目	来源期刊	第一作者	第一机构
18	Overview of the MOSAiC expedition: Snow and sea ice	*Elementa-Science of the Anthropocene*	Nicolaus, Marcel	德国赫姆霍兹联合会
19	Evaluation of empirical atmospheric models using swarm-C satellite data	*Atmosphere*	Yin, Lirong	美国路易斯安那州立大学
20	A new benchmark for surface radiation products over the East Asia-Pacific region retrieved from the Himawari-8/AHI Next-generation geostationary satellite	*Bulletin of the American Meteorological Society*	Letu, Husi	中国科学院空天信息创新研究院

从高被引论文量相对国家总发文量的占比来看（图 2.7），排名前三的为瑞典、意大利和澳大利亚，高被引论文量占比均大于 1.5%。

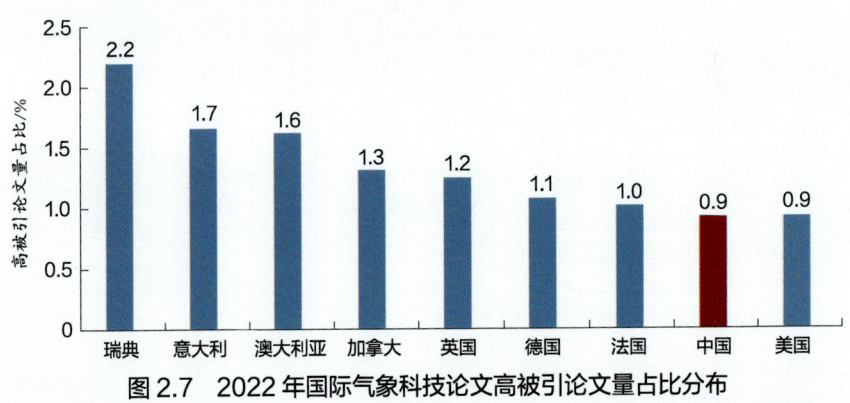

图 2.7 2022 年国际气象科技论文高被引论文量占比分布

根据各机构的高被引论文发文量进行排名，得出大气科学领域排名前十的高影响机构（表 2.7）。排名第一的是中国科学院，发表高被引论文 23 篇，美国国家航空航天局、美国国家大气研究中心、美国国家海洋和大气管理局、科罗拉多大学均发表 9 篇高被引论文，并列第二。12 个高影响机构中，除中国科学院外，还有 2 个来自中国，分别是南京信息工程大学和中山大学。

表2.7 2022年大气科学领域排名前十的高影响机构

序号	机构名称	高被引论文量/篇
1	中国科学院	23
2	美国国家航空航天局	9
3	美国国家大气研究中心	9
4	美国国家海洋和大气管理局	9
5	科罗拉多大学	9
6	德国赫姆霍兹联合会	8
7	马里兰大学	8
8	南京信息工程大学	7
9	瑞士联邦技术学院	7
10	中山大学	6
11	英国国家科研与创新署	6
12	美国能源部	6

2.3.2 高影响期刊论文[①]

2022年，全球在Q1期刊发表国际气象科技论文6892篇。在国际气象科技论文发文量排名前二十的国家中，中国发文2580篇，美国发表2448篇，中国首次超越美国排名第一。但是Q1期刊发文量相对国家发文总量的占比，中国排在第16位（图2.8）。

2.3.3 *Nature*、*Science* 和 *PNAS* 刊载的气象科技论文[②]

Nature、*Science* 和 *PNAS* 属于综合性高端期刊。2022年，全球发表在这三种期刊上的大气科学领域论文共55篇，其中 *Nature* 15篇、*Science* 5篇、*PNAS* 35篇。美国的发文量最多，共41篇；其次是中国，共17篇；英国发表13篇，排名第3（图2.9）。

[①]《期刊引证报告》分区把某一学科的所有期刊按照上一年的影响因子降序排列，前25%的期刊被称为Q1期刊。本报告将Q1期刊上发表的论文称为高影响期刊论文。

[②] 在Web of Science数据库中，*Nature*、*Science* 和 *PNAS* 三大顶级科学期刊发表的论文属于多学科。利用Incites数据库功能，本报告筛选出在这三种期刊上发表的大气科学领域论文。

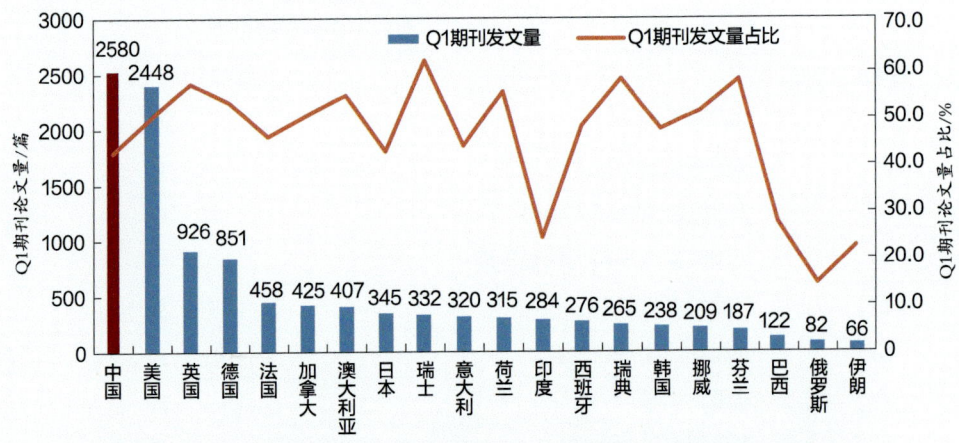

图 2.8　2022 年排名前二十的国家国际气象科技论文 Q1 期刊发文量及占比

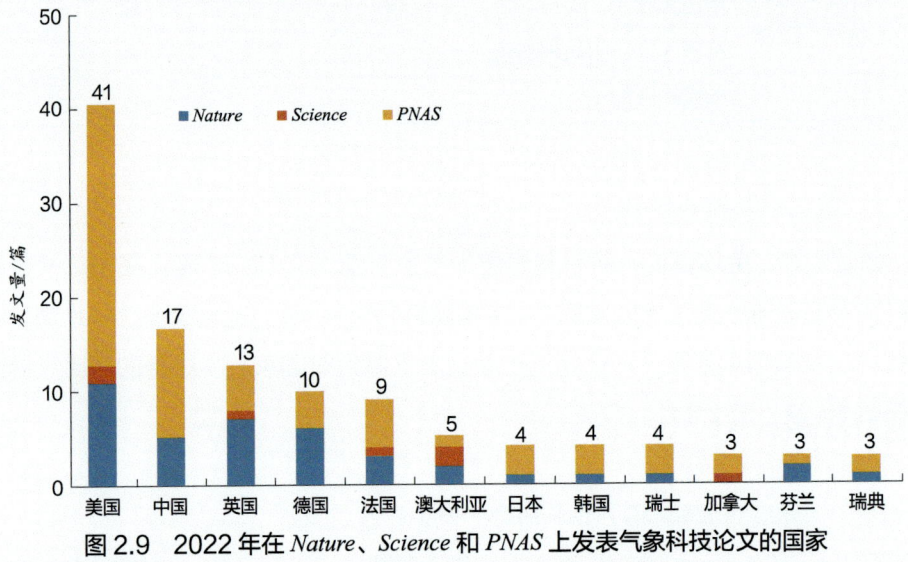

图 2.9　2022 年在 *Nature*、*Science* 和 *PNAS* 上发表气象科技论文的国家

从机构来看，*Nature*、*Science* 和 *PNAS* 上的气象科技论文发文量排名前十的机构中（共 11 个），有 7 个美国机构，3 个法国机构，1 个中国机构。加利福尼亚大学在三种期刊上发文 11 篇，排名第一；中国科学院发文 8 篇，与法国国家科学研究中心并列第三（表 2.8）。

表 2.8　2022 年 *Nature*、*Science* 和 *PNAS* 上发表气象科技论文排名前十的机构

序号	机构	发文量 / 篇
1	加利福尼亚大学	11
2	美国国家大气研究中心	9
3	法国国家科学研究中心	8
4	中国科学院	8
5	法国研究型大学联盟	7
6	加利福尼亚州理工学院	6
7	美国能源部	6
8	美国科罗拉多大学	6
9	美国国家海洋和大气管理局	5
10	美国太平洋西北国家实验室	5
11	巴黎西岱大学（原巴黎大学）	5

2.4　近 5 年全球气象科技论文产出及学术影响力

中、美国际气象科技论文产出领跑全球

2018—2022 年，美、中两国大气科学领域论文发文量远高于其他国家（图 2.10）。美国、中国、英国、德国和法国是发文量排名前五的国家。从 5 个国家近 5 年的发文量看，中国一直保持逐年增长的态势（图 2.11）。

中国气象科技论文的被引表现高于全球平均水平

2018—2022 年，发文量排名前二十国家的学科规范化引文影响力（CNCI）[①] 中，奥地利排名第一，挪威排名第二。中国国际气象科技论文的 CNCI 值为 1.12，排名第十六。包括中国在内，有 17 个国家的 CNCI 值大于 1，表明这些国家气象科技论文的平均被引表现高于全球平均水平（图 2.12）。

---

① 学科规范化的引文影响力（CNCI）是对不同文献类型、不同出版年、不同学科领域进行归一化后的评价指标，是一个十分有价值且无偏的引文影响力指标。若等于 1，则说明该国的文献被引表现与全球平均水平相当；若大于 1，则高于全球平均水平。

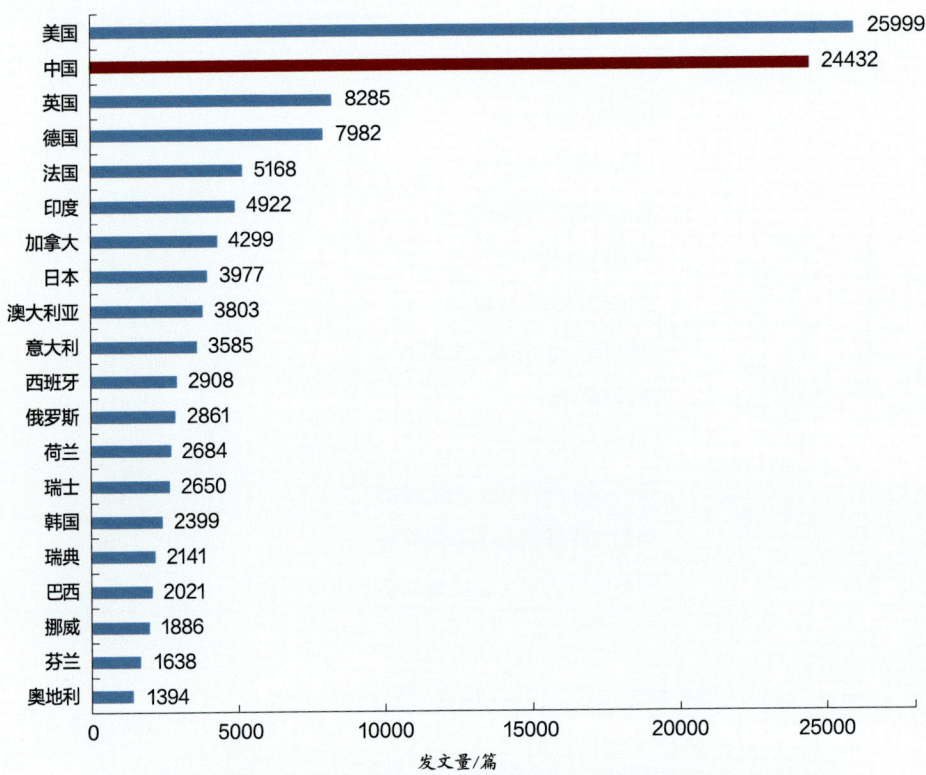

图 2.10 2018—2022 年国际气象科技论文发文量排名前二十的国家

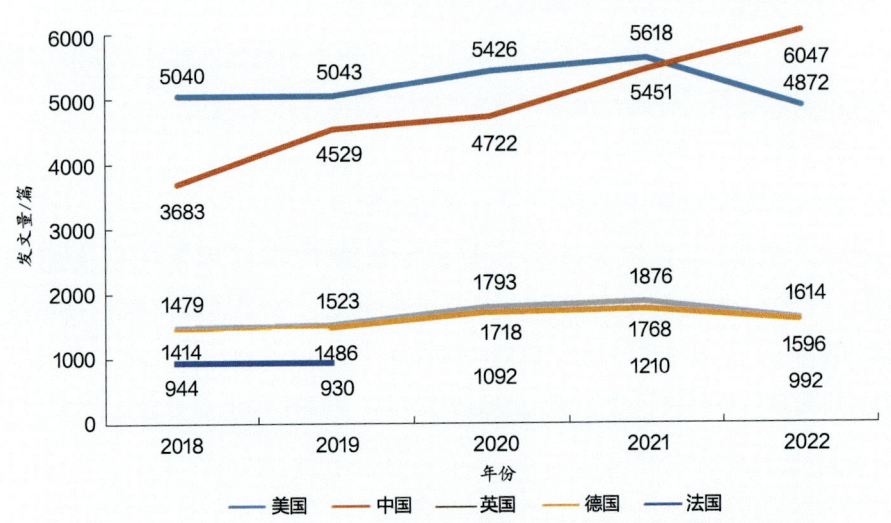

图 2.11 2018—2022 年排名前五的国家国际气象科技论文年度发文量

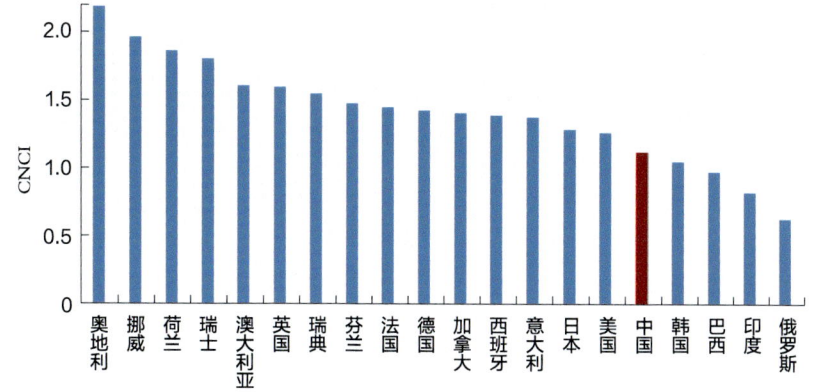

图 2.12 2018—2022 年发文量排名前二十的国家国际气象科技论文 CNCI 值分布

中国国际气象科技论文被引频次全球排名第二

2018—2022 年，美国是气象科技论文总被引频次最多的国家，被引频次总量为 385708 次，奥地利是篇均被引频次最多的国家，篇均被引 25.3 次。中国总被引频次 275189 次，排名第二，但是篇均被引频次仅排名第十七位（图 2.13）。

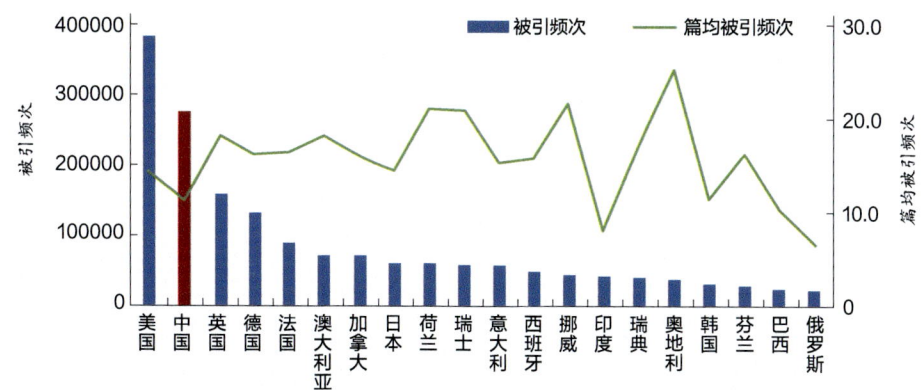

图 2.13 2018—2022 年发文量排名前二十的国家国际气象科技论文被引频次和篇均被引频次

中国高被引论文量全球排名第二

2018—2022 年，发文量排名前二十的国家在大气科学领域共发表高被引论文 851 篇。美国发表高被引论文量排名第一，为 528 篇；中国排名第二，发表 325 篇；排名第三的是英国，为 281 篇。但是高被引论文量相对国家发文总量的占比，中国排在第十七位（图 2.14）。

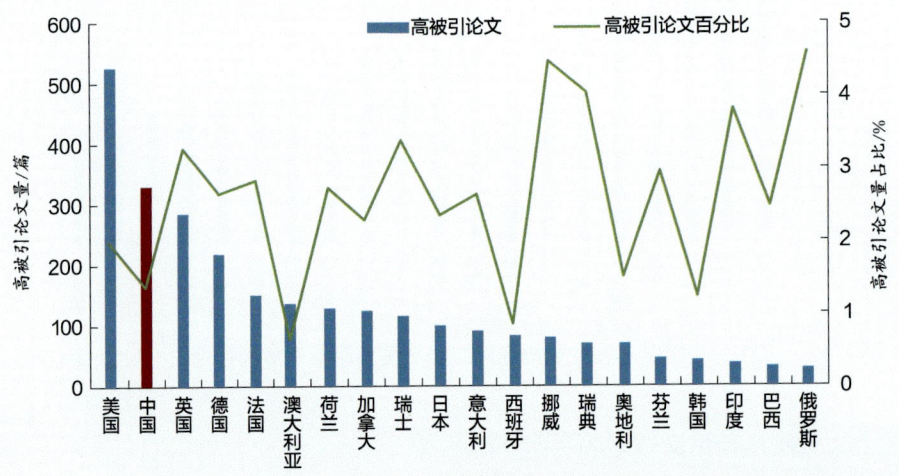

图 2.14　2018—2022 年发文量排名前二十的国家国际气象科技论文高被引论文量及其占比

中国 Q1 期刊发文量全球排名第二

2018—2022 年，发文量排名前二十的国家在大气科学领域共发表 Q1 期刊论文 24692 篇，占发文总量的 21.5%。美国 Q1 期刊发文量排名第一，为 11569 篇；中国排名第二，为 8471 篇。但是 Q1 期刊发文量相对国家发文总量的占比，中国排在第十四位（图 2.15）。

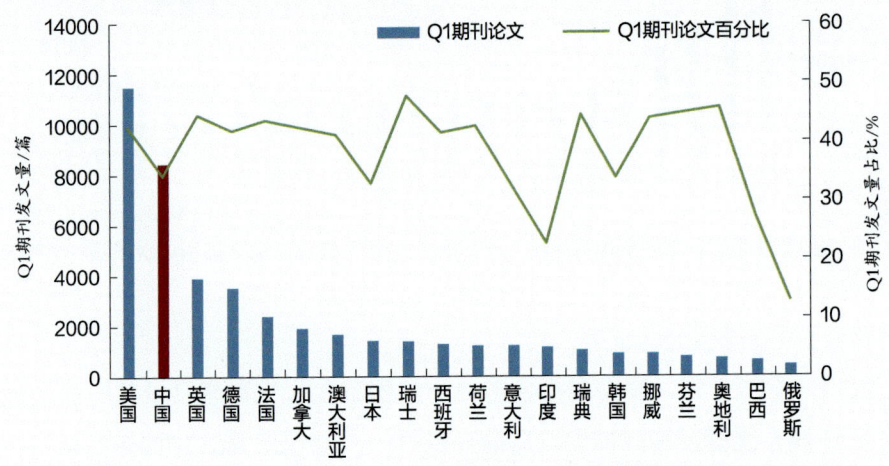

图 2.15　2018—2022 年发文量排名前二十的国家国际气象科技论文 Q1 期刊发文量及其占比

中国在 Nature、Science 和 PNAS 上的气象科技论文发文量全球排名第三

2018—2022 年，发文量排名前二十的国家在 Nature、Science 和 PNAS 上共发表气象科技论文 325 篇。在这三种刊物上发表气象科技论文的国家中，美国发文最多，共 262 篇；其次是英国，共 85 篇；中国共发表 79 篇，排名第三（图 2.16）。

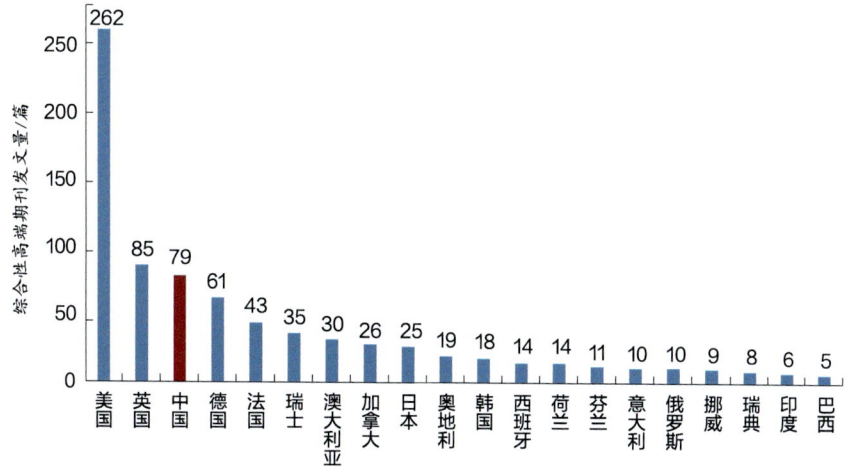

图 2.16　2018—2022 年发文量排名前二十的国家在 Nature、Science 和 PNAS 上的发文量

从机构来看（表 2.9），在这三种刊物上发文量排名前十的机构中，美国有 8 个，法国有 2 个，中国只有 1 个。加利福尼亚大学发文量第一，为 78 篇；中国科学院发文量为 34 篇，排名第七。

表 2.9　2018—2022 年 Nature、Science 和 PNAS 上气象科技论文发文量排名前十的机构

序号	机构	发文量/篇
1	加利福尼亚大学	78
2	美国国家海洋和大气管理局	62
3	科罗拉多大学	44
4	美国国家航空航天局	40
5	美国国家大气研究中心	40
6	法国国家科学研究中心	37

续表

序号	机构	发文量/篇
7	中国科学院	34
8	美国能源部	34
9	加州理工学院	32
10	哥伦比亚大学	31
10	法国研究型大学联盟（并列第10）	31

中国国际合作发文量[①] 全球第二，主要合作国家为美国和英国

2018—2022 年，发表气象科技论文排名前二十的国家的国际合作发文量为 30424 篇。中国国际合作发文量仅次于美国（14647 篇），排名第二，为 10360 篇（图 2.17）。与中国合作最多的国家依次是美国、英国、德国、澳大利亚和加拿大等（图 2.18）。全球国际合作发文量排名靠前的国家都与中国有较为密切的合作关系。

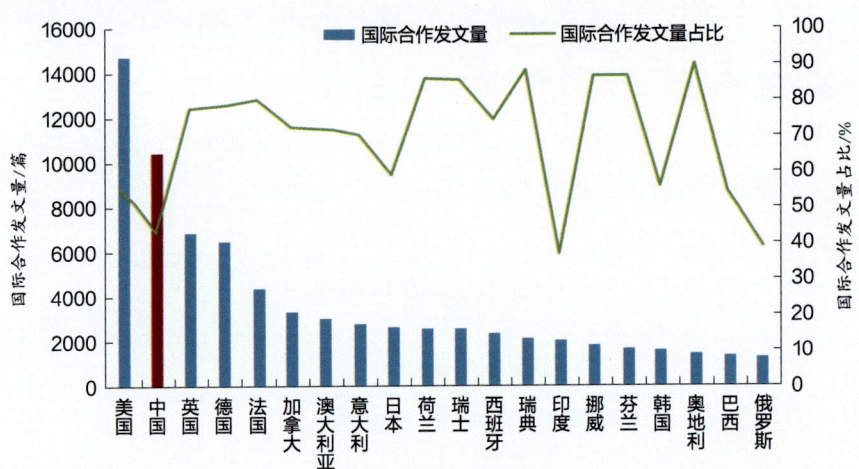

图 2.17　2018—2022 年国际气象科技论文国际合作发文量及其占比国别

---

① 本报告将由两个及两个以上国家作者参与撰写的科技论文称为国际合作论文，这些科技论文的数量就被称为国际合作发文量。

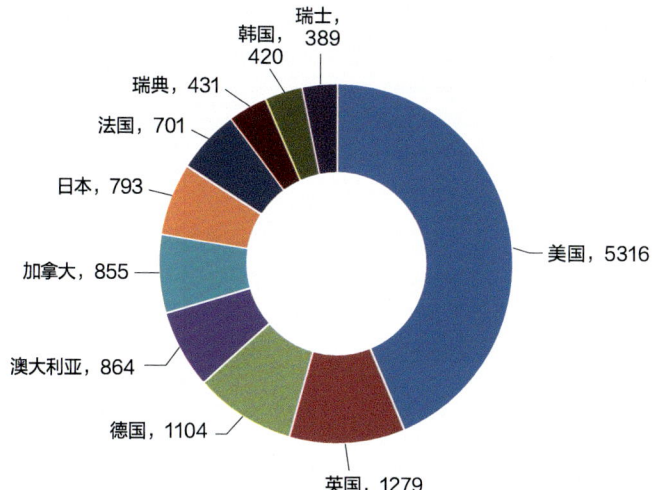

图2.18　2018—2022年国际气象科技论文中与中国合作发文量排名前十的国家（单位：篇）

中、美合作：互为对方最重要的合作伙伴

2018—2022年，中、美合作国际气象科技论文5316篇，且合作论文数量逐年稳步增长。在大气科学领域，中、美互为对方最重要的合作伙伴。中、美合作发表高被引论文181篇，其中2018年在 *Earth System Science Data* 上发表的题为《Global Carbon Budget 2018》的文章被引达到808次。

图2.19展示了这些合作论文的主要贡献机构，中国科学院参与发表的论文最多，占总数的34.5%，其中中国科学院大气物理研究所（632篇）、中国科学院大学（507篇）、中国科学院地理科学与资源研究所（163篇）、中国科学院青藏高原研究所（116篇）、中国科学技术大学（106篇）、中国科学院地球环境研究所（104篇）发表气象科技论文量均超过100篇。美国参与合作论文最多的10个机构中包括4个政府机构和6所大学。

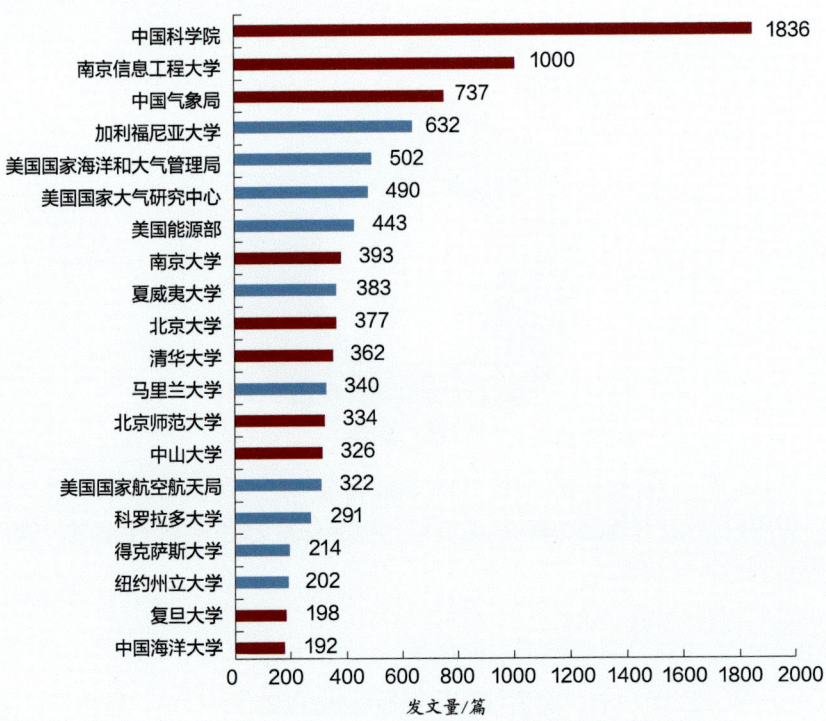

图 2.19　中、美大气科学领域合作论文产出排名前十的机构
（红色为中国机构，蓝色为美国机构）

第 3 章　2022 年国内气象科技论文

3.1　发文量

近 5 年，国内气象科技论文[①] 年发文量整体在 10000 篇左右（图 3.1）。2022 年共发表国内气象科技论文 8774 篇，与 2021 年相比略有下降。

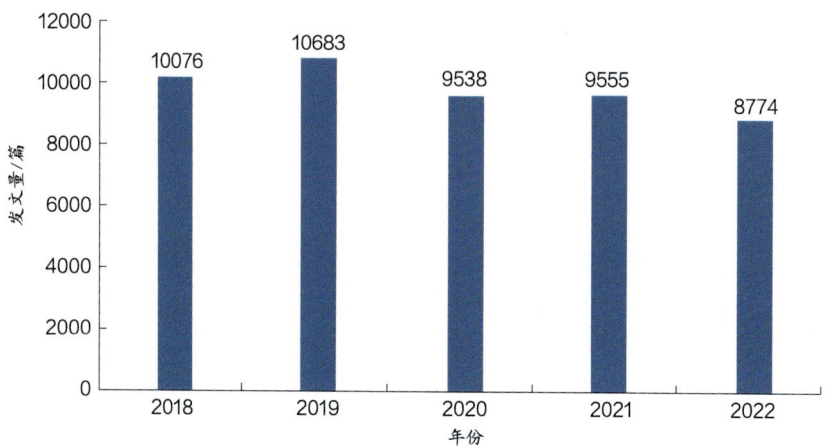

图 3.1　2018—2022 年国内气象科技论文发文量

3.2　机构分布

2022 年，有 13 个机构的国内气象科技论文发文数量超过 100 篇（表 3.1）。这些机构中，有 8 所大学、2 个科研机构、3 个中国气象局直属单位。南京信息工程大学以 517 篇位列第一，发文量占国内气象科技论文发表总量的 5.9%，中国科学院大学（355 篇）位列第二，中国科学院大气物理研究所（257 篇）位列第三。

---

① 国内气象科技论文是指 CAJD 收录的气象学领域论文。

表 3.1　2022 年国内气象科技论文发表 100 篇以上的机构

机构名称	发文量/篇	国内气象科技论文占比/%	机构名称	发文量/篇	国内气象科技论文占比/%
南京信息工程大学	517	5.9	国家气候中心	127	1.4
中国科学院大学	355	4.0	兰州大学	115	1.3
中国科学院大气物理研究所	257	2.9	北京师范大学	110	1.3
成都信息工程大学	239	2.7	中国科学院西北生态环境资源研究院	109	1.2
中国气象科学研究院	224	2.6	南京大学	103	1.2
国家气象中心	147	1.7	河海大学	103	1.2
中山大学	138	1.6			

3.3　交叉学科

2022 年，国内气象科技论文按交叉学科领域划分，农业基础科学以 757 篇位列第一（图 3.2）。排名靠前的 9 个交叉学科领域依次为：环境科学与资源利用（723 篇）、建筑科学与工程（321 篇）、计算机软件及计算机应用（316 篇）、海洋学（292 篇）、植物保护（273 篇）、农作物（267 篇）、地球物理学（216 篇）、航空航天科学与工程（202 篇）和园艺（194 篇）。

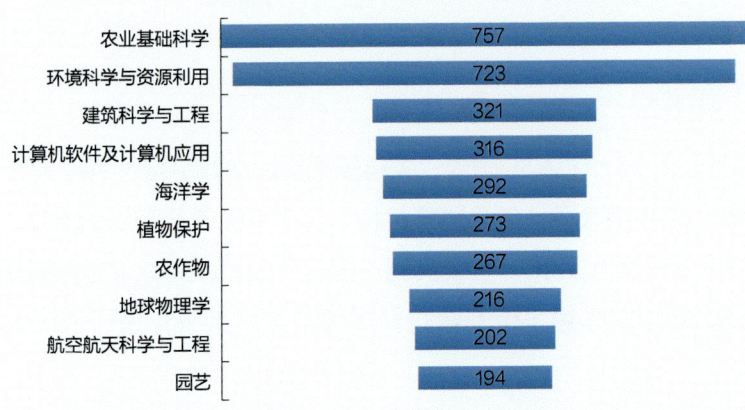

图 3.2　2022 年国内气象科技论文排名前十的交叉学科发文量（单位：篇）

3.4 期刊分布

2022年,《农业灾害研究》《气象》《广东气象》《气象水文海洋仪器》和《高原气象》为国内气象科技论文刊载量最多的5种期刊。核心期刊共刊载国内气象科技论文2841篇,占论文总量的32.4%。在核心期刊中,《气象》《高原气象》《大气科学》《气象科学》《热带气象学报》和《大气科学学报》是刊载70篇以上国内气象科技论文的核心期刊(图3.3)。

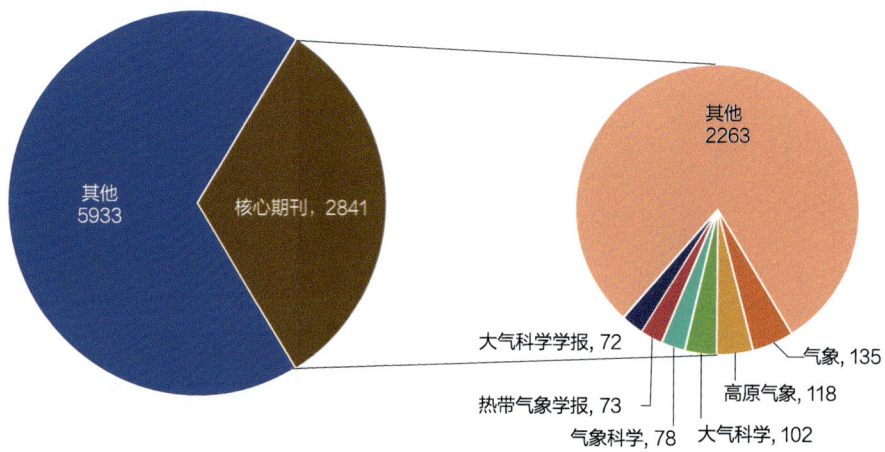

图3.3 2022年刊载70篇以上的国内气象科技论文核心期刊分布(单位:篇)

第 4 章　2022 年中国气象局科技论文

4.1 国际论文产出情况

4.1.1 发文量

（1）总体发文情况

2022 年，中国气象局[①]在各学科领域共发表国际论文[②]2317 篇（其中大气科学领域 1108 篇），较 2021 年增长了 19.4%，自 2014 年统计以来，继续保持增长态势。中国气象局直属单位和地方气象部门论文产出量也逐年增长[③]。2022 年中国气象局直属单位发文 1278 篇，其中中国气象科学研究院 699 篇；地方气象部门发文 1242 篇，八个专业气象科研院所（简称专业院所）共 487 篇（图 4.1）。此外，依托于高校的中国气象局重点开放实验室等其他单位发表论文 69 篇。

（2）各机构发文情况

从中国气象局各机构 2022 年发表国际论文情况看，中国气象科学研究院发表 699 篇，位居第一；国家气候中心发表 233 篇，排名第二；北京市气象局发表 188 篇，排名第三。这三家机构的论文发表量约占中国气象局国际论文发表总量的 48.3%（图 4.2）。

中国气象局直属单位中，中国气象科学研究院（699 篇）、国家气候中心（233 篇）和国家卫星气象中心（172 篇）发文量排名前三，分别比上一年增长 24.4%、15.3% 和 17.8%。

地方气象部门中，发文量居前三位的分别是北京市气象局（188 篇）、江苏

[①] 中国气象局论文指论文作者所属机构中含有中国气象局及其直属、下属机构的论文。论文研究领域覆盖包括气象学科在内的所有学科领域。
[②] 国际论文指 SCI 收录的研究论文和综述。
[③] 由于存在各机构间合作发表论文情况，因此机构发文量之和大于实际论文总量，下同。

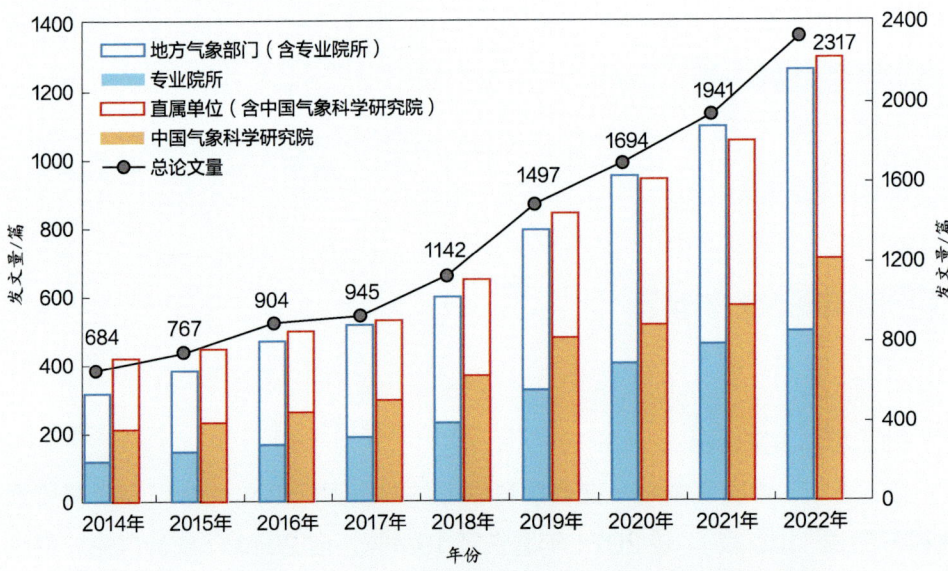

图 4.1 2014—2022 年中国气象局国际论文发表情况（单位：篇）

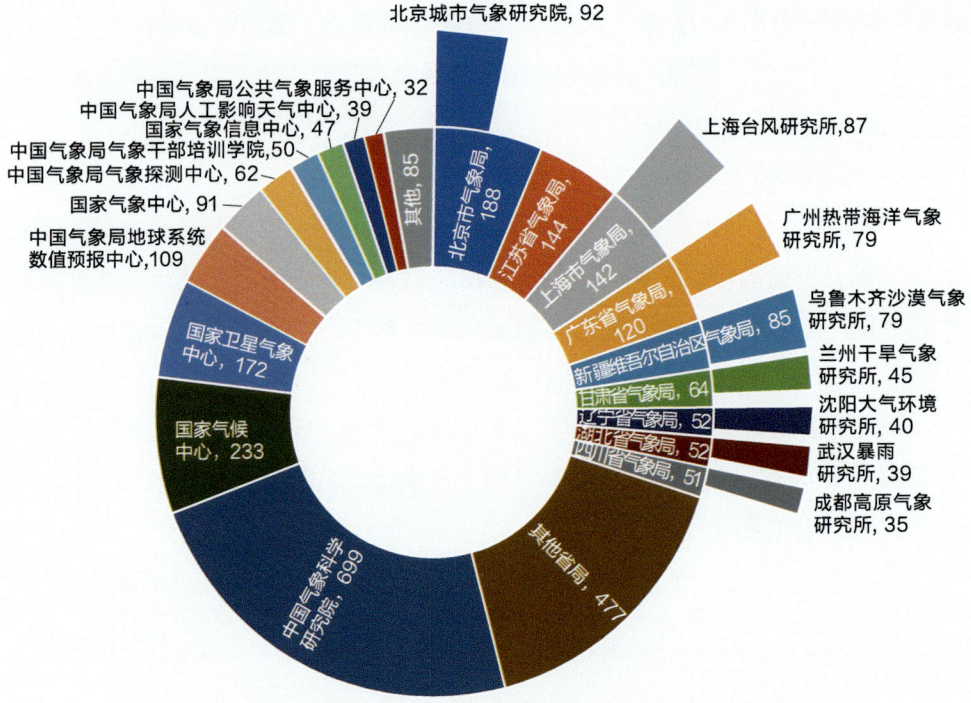

图 4.2 中国气象局 2022 年发表国际论文的机构分布（单位：篇）

省气象局（144篇）、上海市气象局（142篇）。其中，专业院所中发文量位居第一的仍然是北京城市气象研究院（92篇）；上海台风研究所发表了87篇，排名第二；广州热带海洋气象研究所和乌鲁木齐沙漠气象研究所均以79篇并列第三。

4.1.2 研究领域

2022年中国气象局发表的国际论文共涉及96个领域。其中，大气科学领域的论文为1108篇（图4.3），占比47.8%，较2021年下降了2.9个百分点。另有8个领域的论文量超过50篇，分别是：环境科学（931篇，40.2%）、地球科学多学科（454篇，19.6%）、遥感（312篇，13.5%）、影像科学摄影技术（296篇，12.8%）、地球化学与地球物理学（94篇，4.1%）、电气与电子工程（93篇，4.0%）、水资源（66篇，2.8%）、公共环境职业卫生（50篇，2.2%）。与2021年相比，这8个领域论文数量与占比均有所上升。

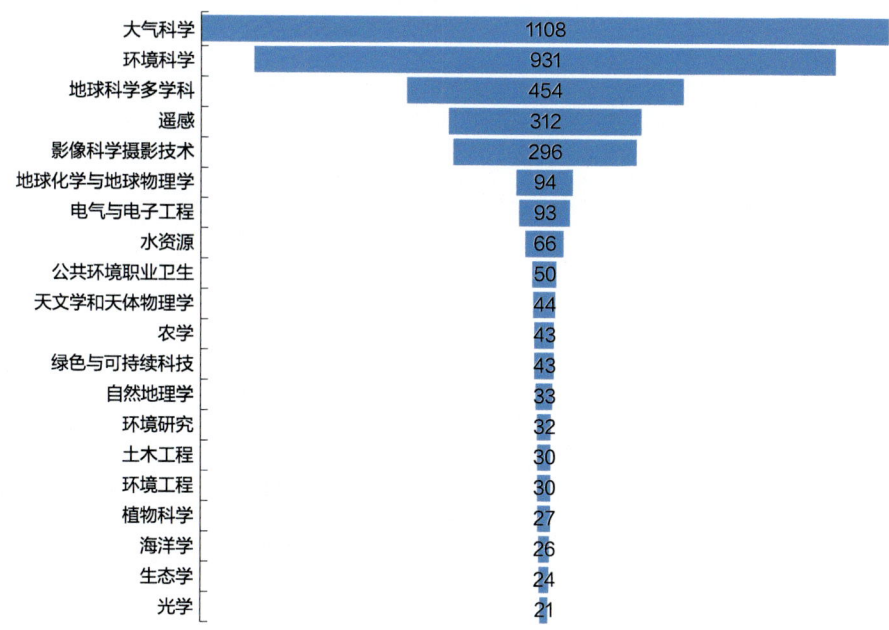

图4.3 2022年中国气象局国际论文排名前二十的研究领域发文量（单位：篇）

4.1.3 期刊分布

2022年中国气象局发表的2317篇国际论文，分别刊载在344种学术期

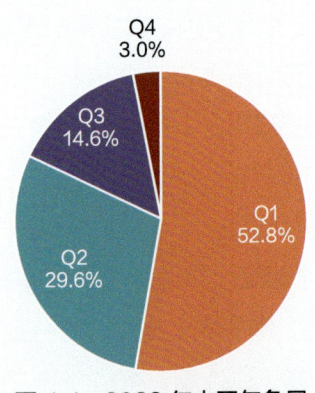

图 4.4 2022 年中国气象局国际论文的刊载期刊分区

刊上，比 2021 年增加了 49 种。其中发表在 Q1 期刊的论文共计 1223 篇，占比 52.8%；Q2 期刊论文 685 篇，占比 29.6%；Q3 期刊论文 339 篇，占比 14.6%；Q4 期刊论文 70 篇，占比 3.0%（图 4.4）。相比 2021 年，Q2 期刊论文占比上升 3.6 个百分点，其他区期刊论文占比均有所下降，Q4 期刊论文占比降幅最大，下降了 3 个百分点。刊载中国气象局国际论文最多的前 10 种期刊，有 4 种为 Q1 期刊、5 种为 Q2 期刊、1 种为 Q3 期刊。Q1 期刊 *Remote Sensing* 继续为刊载中国气象局论文最多的期刊，共 200 篇，占论文总量的 8.6%，比 2021 年上升 2.3 个百分点。*Atmosphere*、*Atmospheric Research* 的刊文量分列第二、三位，为 174 和 119 篇（图 4.5）。

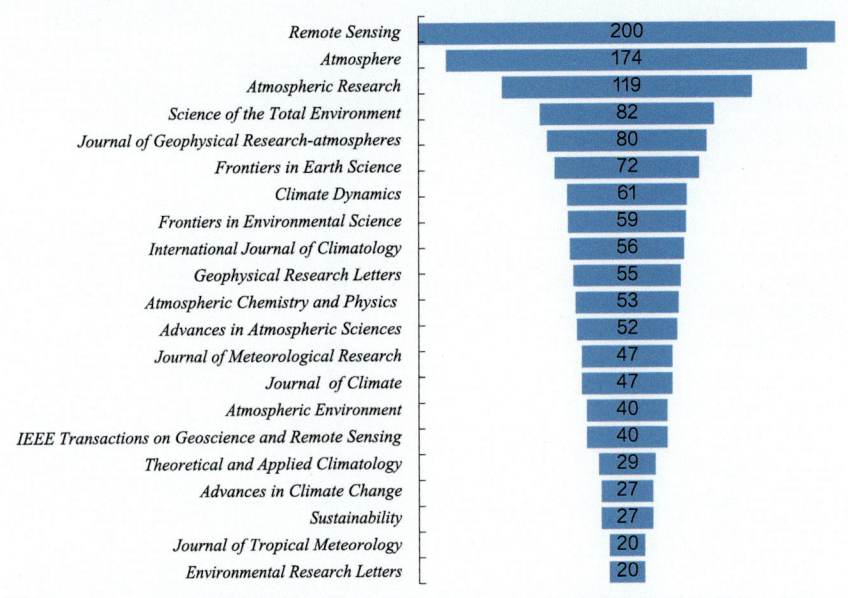

图 4.5 2022 年中国气象局国际论文排名前二十的期刊发文量（单位：篇）

4.1.4 研究热点

2022 年，气候变化、降水、热带气旋、青藏高原、机器学习为位居前五的热点关键词。此外，遥感、数据同化和气溶胶等领域也受到较多关注。机器学习下的深度学习、极端降水和 CMIP6 成为新出现的研究热点（图 4.6）。

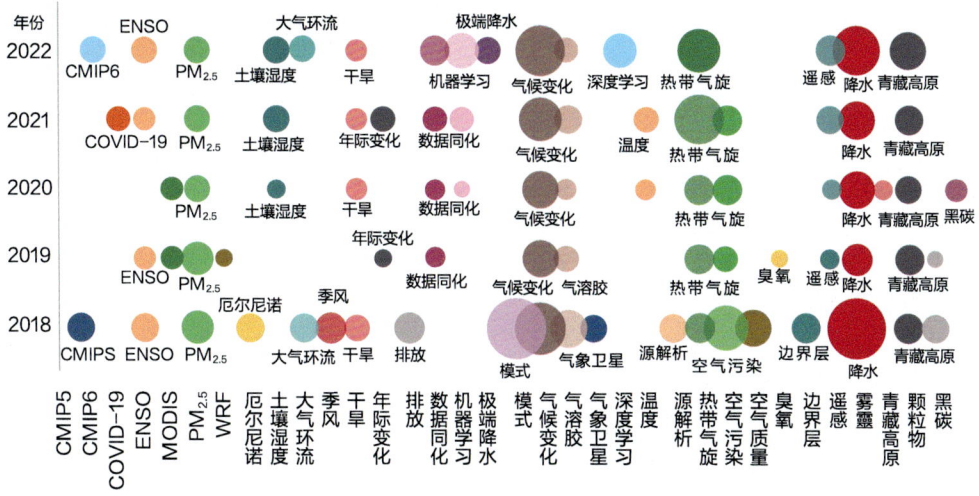

图 4.6　2018—2022 年中国气象局国际论文高频关键词分布变化

4.1.5　学术影响力

（1）高被引论文

近 5 年，中国气象局每年均有 10 篇以上论文入选高被引论文（图 4.7）。2022 年，中国气象局发表的论文中，入选高被引论文共 16 篇。这些论文主要

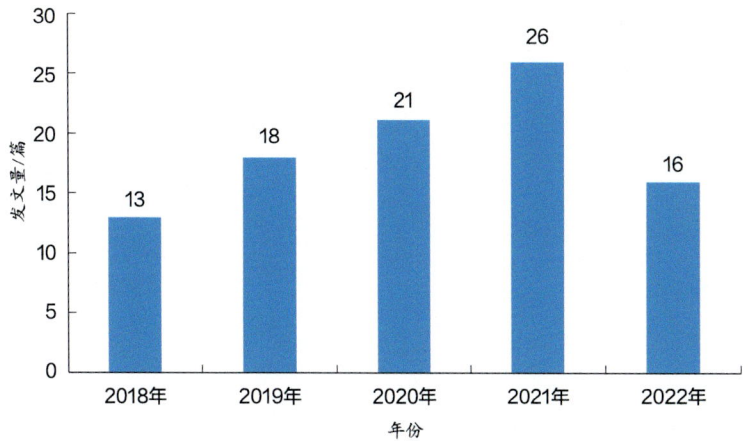

图 4.7　2018—2022 年中国气象局高被引论文年度分布（单位：篇）

为气候变化的影响、极端天气事件的成因分析、人为气候变化、碳中和相关政策、机器学习的应用等方面的研究。发表高被引论文数量最多的机构为中国气象科学研究院（7篇）（表4.1）。

表4.1 2022年中国气象局高被引论文列表

序号	论文题名	来源期刊	第一作者	中国气象局参与机构
1	Recent climate and hydrological changes in a mountain-basin system in Xinjiang, China	Earth-Science Reviews	Yao, Junqiang	乌鲁木齐沙漠气象研究所*
2	A possible dynamic mechanism for rapid production of the extreme hourly rainfall in Zhengzhou city on 20 July 2021	Journal of Meteorological Research	Yin, Jinfang	中国气象科学研究院*
3	Understanding human influence on climate change in China	National Science Review	Sun, Ying	国家气候中心*、中国气象科学研究院
4	Potential contributions of wind and solar power to China's carbon neutrality	Resources Conservation and Recycling	Liu, Laibao	国家气候中心*
5	Record-breaking dust loading during two mega dust storm events over northern China in March 2021: aerosol optical and radiative properties and meteorological drivers	Atmospheric Chemistry and Physics	Gui, Ke	中国气象科学研究院*、国家气候中心、沈阳大气环境研究所
6	The imbalance of the Asian water tower	Nature Reviews Earth & Environment	Yao, Tandong	中国气象科学研究院
7	Policy and management of carbon peaking and carbon neutrality: a literature review	Engineering	Wei, Yi-Ming	中国气象科学研究院
8	The dominant influencing factors of deserti-fication changes in the source region of Yellow River: Climate change or human activity?	Science of the Total Environment	Guo, Bing	河北省气象局

续表

序号	论文题名	来源期刊	第一作者	中国气象局参与机构
9	Intraseasonal variability of global land monsoon precipitation and its recent trend	*NPJ Climate and Atmospheric Science*	Liu, Fei	陕西省气象局
10	Spatiotemporal evolution of ecological vulnerability in the Yellow River Basin under ecological restoration initiatives	*Ecological Indicators*	Zhang, Xiaoyuan	中国气象科学研究院
11	Comparison of random forest and support vector machine classifiers for regional land cover mapping using coarse resolution FY-3c images	*Remote Sensing*	Adugna, Tesfaye	国家卫星气象中心
12	Abrupt emissions reductions during COVID-19 contributed to record summer rainfall in China	*Nature Communications*	Yang, Yang	天津市气象局
13	Seasonal cumulative effect of ural blocking episodes on the frequent cold events in China during the early winter of 2020/21	*Advances in Atmospheric Sciences*	Yao, Yao	北京城市气象研究院
14	LGHAP: the Long-term Gap-free High-resolution Air Pollutant concentration dataset, derived via tensor-flow-based multimodal data fusion	*Earth System Science Data*	Bai, Kaixu	中国气象科学研究院
15	Will individuals visit hospitals when suffering heat-related illnesses? Yes, but	*Building and Environment*	He, Bao-Jie	沈阳大气环境研究所
16	Seasonal dynamics of carbon dioxide and water fluxes in a rice-wheat rotation system in the Yangtze-Huaihe region of China	*Agricultural Water Management*	Li, Cheng	安徽省气象局

注：* 为论文第一作者或通信作者所署机构。

（2）高影响期刊论文

2022年中国气象局的Q1期刊发文量合计1223篇，较2021年增长了18.9%。Q1期刊论文占比为52.8%。近5年Q1期刊发文量呈逐年稳步增长趋势（图4.8）。

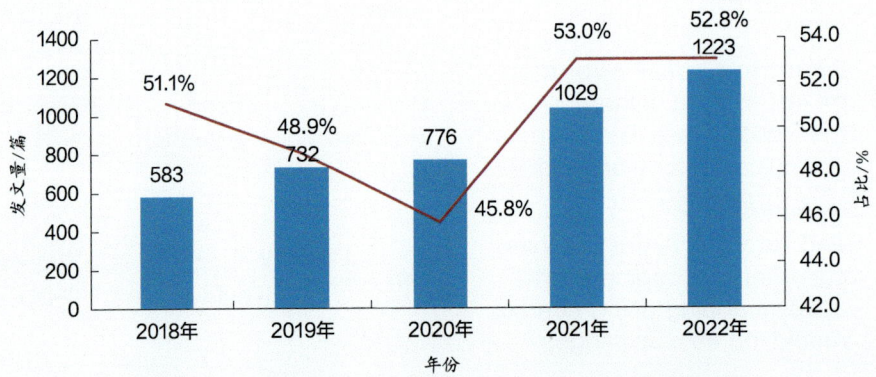

图 4.8　2018—2022 年中国气象局 Q1 期刊发文量及占比

中国气象局直属单位中，Q1期刊发文量第一的机构为中国气象科学研究院（432篇），其Q1期刊发文量占比也为最高（61.8%）；专业院所中，北京城市气象研究院的Q1期刊发文量和占比均位列第一，分别为64篇和69.6%（表4.2）。

表 4.2　2022 年中国气象局直属单位和专业院所高影响期刊论文发表情况

直属单位	Q1期刊论文量／篇	Q1期刊论文占比	专业院所	Q1期刊论文量／篇	Q1期刊论文占比
中国气象科学研究院	432	61.8%	北京城市气象研究院	64	69.6%
国家气候中心	117	50.2%	上海台风研究所	50	57.5%
国家卫星气象中心	102	59.3%	广州热带海洋气象研究所	36	45.6%
中国气象局地球系统数值预报中心	58	53.2%	乌鲁木齐沙漠气象研究所	31	39.2%
国家气象中心	38	41.8%	兰州干旱气象研究所	21	46.7%
中国气象局气象探测中心	36	58.1%	沈阳大气环境研究所	20	50.0%
国家气象信息中心	29	61.7%	成都高原气象研究所	15	42.9%

续表

直属单位	Q1期刊论文量/篇	Q1期刊论文占比	专业院所	Q1期刊论文量/篇	Q1期刊论文占比
中国气象局气象干部培训学院	19	38.0%	武汉暴雨研究所	11	28.2%
中国气象局公共气象服务中心	17	53.1%			
中国气象局人工影响天气中心	14	35.9%			

（3）国际合作论文

中国气象局2022年发表的2317篇国际论文中，涉及65个合作国家和地区，共合作发表论文591篇，约占发表国际论文总数的25.5%，比2021年度下降了7个百分点（图4.9），且近5年发表国际合作论文占比基本呈下降趋势。

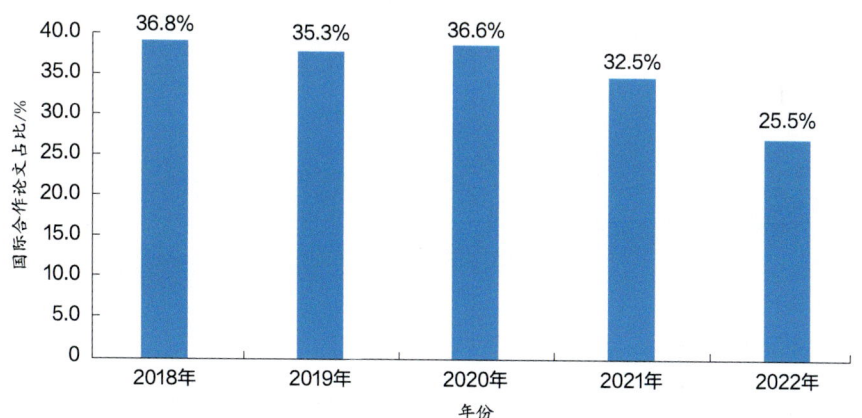

图4.9　2018—2022年中国气象局国际合作论文占比

直属单位中，各机构平均国际合作论文占比为26.5%，与中国气象局总体水平持平。国际合作度最高的是国家气象信息中心，国际合作论文占比为48.9%。专业院所中的国际合作论文占比为18.5%，低于中国气象局总体水平。国际合作度最高的是武汉暴雨研究所，国际合作论文占比为30.8%（表4.3）。

表4.4给出了与中国气象局合作国际论文量最多的10个国际机构。合作最多的10个国际机构有7个来自美国，2个来自法国，1个来自瑞典。其中，与美国国家海洋和大气管理局合作最为密切，共合作发表论文39篇。

表 4.3　2022 年直属单位和专业院所国际合作论文情况

直属单位	国际合作论文占比 /%	专业院所	国际合作论文占比 /%
国家气象信息中心	48.9	武汉暴雨研究所	30.8
国家气候中心	29.2	上海台风研究所	25.3
中国气象科学研究院	28.3	广州热带海洋气象研究所	21.5
中国气象局气象干部培训学院	28.0	北京城市气象研究院	20.7
中国气象局气象探测中心	27.4	兰州干旱气象研究所	17.8
国家卫星气象中心	26.7	乌鲁木齐沙漠气象研究所	16.5
中国气象局人工影响天气中心	20.5	沈阳大气环境研究所	10.0
中国气象局公共气象服务中心	18.8	成都高原气象研究所	5.7
国家气象中心	18.7		
中国气象局地球系统数值预报中心	18.4		

表 4.4　2022 年中国气象局国际论文的主要国际合作机构

国际机构	合作论文量 / 篇	国际机构	合作论文量 / 篇
美国国家海洋和大气管理局	39	法国国家科学研究中心	22
马里兰大学	33	俄克拉何马大学	20
加利福尼亚大学	30	美国能源部	19
夏威夷大学	25	法国研究型大学联盟	18
美国国家大气研究中心	24	哥德堡大学	17

4.1.6　与国际同行对比

为了更好地评价和对比中国气象局国际论文年度产出和学术影响力，选择了包括中国气象局在内的 10 个国际气象相关机构进行对比分析（表 4.5）。其中，中国气象局以 2317 篇论文量位居第一，美国国家海洋和大气管理局位列第二（1884 篇），二者遥遥领先于其他国际同行机构；位列第三至第五位的分别是加拿大环境与气候变化部（652 篇）、芬兰气象局（340 篇）和英国气象局（326 篇）。

通过分析中国气象局与国际同行机构发表国际论文的高被引论文占比、高影响期刊论文占比和国际合作论文占比等指标，对中国气象局与国际同行的学术影响力进行了对比。在 10 个机构中，美国国家海洋和大气管理局的高被引论文量位列第一，为 22 篇；第二名是中国气象局，为 16 篇；加拿大环境和气候变化部以 12 篇位列第三。欧洲中期天气预报中心 Q1 期刊发表论文占比最高，为 71.9%；其次是瑞典水文气象局，为 68.3%，中国气象局在 Q1 期刊发表论文占比 52.8%，仅高于日本气象厅（39.5%）。国际合作度最高的机构为欧洲中期天气预报中心，其国际合作论文占比达 87.6%，中国气象局国际合作论文占比最低，为 25.5%。

表 4.5　2022 年中国气象局与国际同行机构的国际论文学术影响力对比

机构名称	国际论文量/篇	高被引论文量/篇	Q1 期刊论文占比	国际合作论文占比
中国气象局	2317	16	52.8%	25.5%
美国国家海洋和大气管理局	1884	22	53.7%	43.5%
加拿大环境和气候变化部	652	12	55.3%	54.1%
芬兰气象局	340	11	64.7%	82.1%
英国气象局	326	7	67.4%	66.9%
法国气象局	166	1	69.3%	60.2%
欧洲中期天气预报中心	153	3	71.9%	87.6%
澳大利亚气象局	132	1	55.0%	55.3%
瑞典水文气象局	124	4	68.3%	82.3%
日本气象厅	109	2	39.5%	35.8%

4.2 国内论文[①] 产出情况

4.2.1 发文量

2022年，中国气象局共发表国内论文7333篇（图4.10），较2021年略有下降。近5年，年发文量保持在7000篇以上。

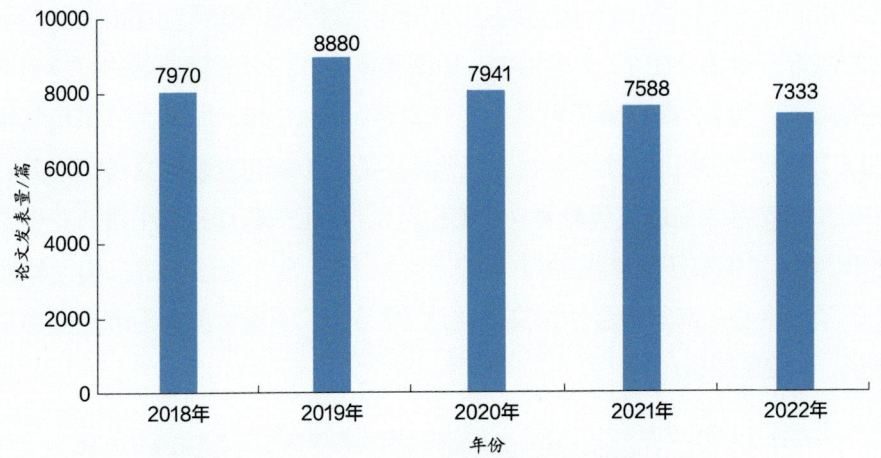

图4.10　2018—2022年中国气象局国内论文发文量

4.2.2 机构分布

对中国气象局直属单位以及国家级气象科研院所作为第一责任机构的2022年国内论文分别统计（表4.6），在直属单位中，国家气象中心发表113篇，位居第一；中国气象局气象干部培训学院发表53篇，排名第二；国家气候中心发表51篇，排名第三。在国家级气象科研院所中，中国气象科学研究院发表123篇，排名第一；乌鲁木齐沙漠气象研究所发表62篇，排名第二；沈阳大气环境研究所发表33篇，排名第三。

---

① 国内论文是指CAJD数据库全学科领域所属机构包含中国气象局的论文。

表 4.6 2022 年以第一责任机构发表 25 篇以上国内论文的直属单位和国家级气象科研院所

直属单位	发文量/篇	国家级气象科研院所	发文量/篇
国家气象中心	113	中国气象科学研究院	123
中国气象局气象干部培训学院	53	乌鲁木齐沙漠气象研究所	62
国家气候中心	51	沈阳大气环境研究所	33
国家卫星气象中心	38	兰州干旱气象研究所	32
中国气象局气象探测中心	32	武汉暴雨研究所	27
国家气象信息中心	29		
中国气象局公共气象服务中心	27		

4.2.3 研究领域

2022 年，按学科对中国气象局发表的科技论文划分，气象学领域的论文达 4608 篇（图 4.11），占比 62.8%。另有 7 个领域的论文量超过 200 篇，分别是：环境科学与资源利用（822 篇）、农业基础科学（701 篇）、农作物（436 篇）、植物保护（348 篇）、计算机软件及计算机应用（318 篇）、园艺（292 篇）和海洋学（221 篇）。

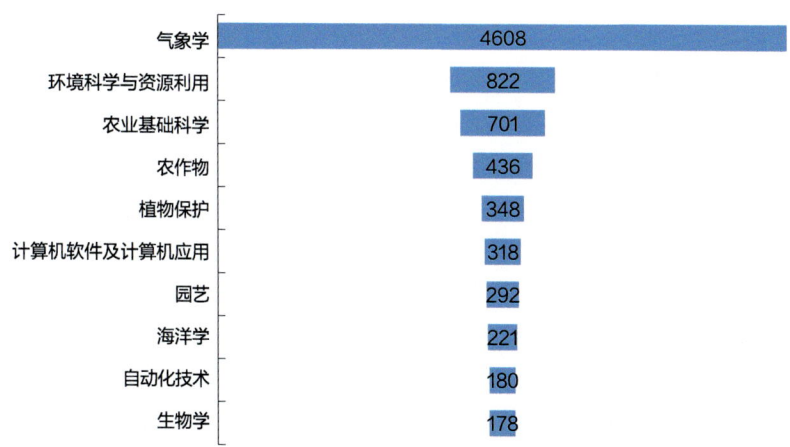

图 4.11 2022 年中国气象局国内发文数量排名前十的学科领域的发文量（单位：篇）

4.2.4 期刊分布

2022年，中国气象局发表核心期刊论文1809篇，占论文总发表量的24.7%，较2021年上升1.3个百分点。《农业气象灾害研究》《气象》《气象科技进展》《气象水文海洋仪器》和《广东气象》为刊载量最多的5种期刊。在核心期刊中，《气象》《大气科学》《高原气象》《热带气象学报》《气象学报》和《大气科学学报》是刊载60篇以上中国气象局气象科技论文的核心期刊（图4.12）。

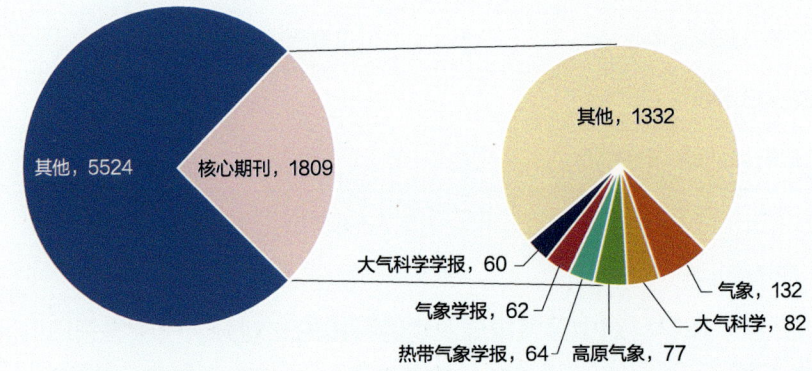

图4.12 2022年刊载60篇以上中国气象局气象科技论文的核心期刊分布（单位：篇）

第 5 章 专题研究——人工影响天气领域研究态势分析

人工影响天气是合理开发利用气候资源、改善和保护生态环境、减轻冰雹干旱等气象灾害的重要科技手段之一，是气象服务工作的重要组成部分，在抗灾、减灾、缓解水资源短缺和生态建设等方面发挥了重要作用。2022 年国务院印发的《气象高质量发展纲要（2022—2035 年）》明确要求，提升人工影响天气能力。2021 年中国气象局出台卫星、雷达、数值预报、气象信息"四大支柱"以及人工影响天气领域相关能力提升工作方案，持续推进人工影响天气业务转型发展。

为了深入了解人工影响天气领域的研究发展现状，基于 SCI 数据库，检索 2000—2022 年与人工影响天气研究相关的论文，以可视化的形式呈现该研究领域涉及的时间、国家、机构、关键词等信息，并对这些信息进行详细的解读，分析人工影响天气研究领域核心、热点问题的演变及未来可能的研究方向，为研究人员提供参考。

5.1 发文量

2000—2022 年世界人工影响天气主题论文共发表 824 篇，论文数量整体呈增长趋势，特别是近两年（2021—2022 年）的发文量占比达 20.8%，说明随着人工影响天气在保障社会经济发展中的作用越来越不可或缺，人工影响天气领域的研究规模不断扩大，对该领域的关注度在持续增强（图 5.1）。

5.2 国家分布

2000—2022 年，全球共有 67 个国家或地区在人工影响天气领域发表论

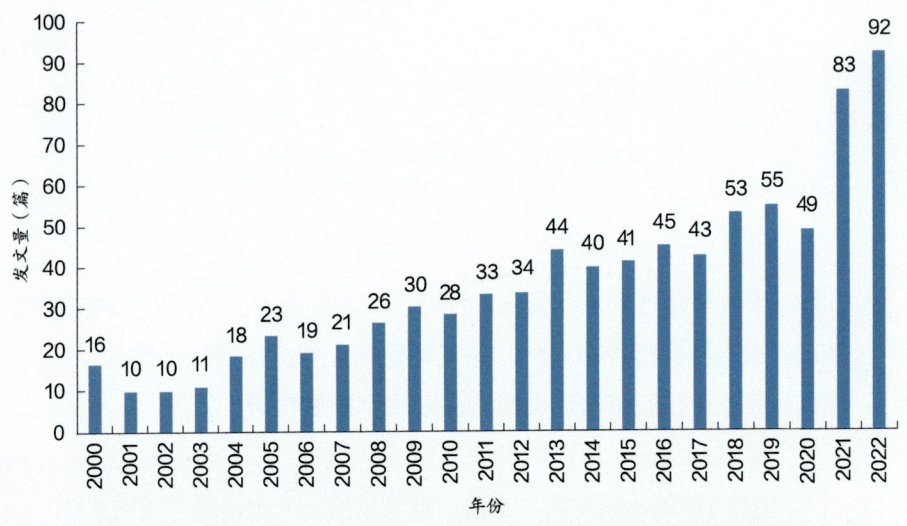

图 5.1 2000—2022 年世界人工影响天气领域年度发表论文量变化

文。从国家发表论文量及其发表论文影响力看，美国、中国、印度、以色列、德国、日本、俄罗斯、英国、加拿大和澳大利亚的发文量位居前十，说明全球人工影响天气领域的研究目前以这些国家为主（表 5.1）。其中，美国、中国和印度的发表论文量分别为 290 篇、179 篇和 96 篇，三国的发表论文量总和占全球总发表论文量的 59.0%，是该领域研究最为活跃的国家。

表 5.1 发表论文量 TOP10 国家及其论文影响力指标

序号	国家	发文量/篇	全球占比/%	近5年发文量/篇	篇均被引次数	H 指数
1	美国	290	35.2	93	30.0	45
2	中国	179	21.7	115	12.5	23
3	印度	96	11.7	42	16.8	24
4	以色列	58	7.0	10	50.1	26
5	德国	44	5.3	24	29.7	18
6	日本	40	4.9	11	12.1	13
7	俄罗斯	40	4.9	23	5.5	8
8	英国	36	4.4	15	17.6	15
9	加拿大	30	3.6	13	19.9	13
10	澳大利亚	27	3.3	11	15.6	12

H指数指某国家、机构或科研人员等有H篇论文至少被引用了H次，被用来评价某个国家、机构或科研人员的学术产出量和质量；篇均被引次数表示单篇论文的平均被引次数，体现了某个国家、机构或科研人员的学术产出对学术交流的直接贡献，反映了其学术产出的国际认可程度。为了更直观且综合地衡量发表论文量排名前十的国家在人工影响天气领域的学术影响力，本研究统计了发表论文量排名前十的国家的篇均被引次数和H指数两个指标。篇均被引次数排名前三的国家分别是以色列（50.1）、美国（30.0）和德国（29.7）；H指数排名前三的国家分别是美国（45）、以色列（26）和印度（24）。以色列和美国的两个学术影响力指标均较高，直观展现了两国在人工影响天气领域的领军地位。

2000—2022年，中国在人工影响天气领域发表论文占同期全球总发表论文的21.7%，但是篇均被引次数较少，学术影响力还有待进一步提升。

5.3　机构分布

2000—2022年，全球共有843个机构在人工影响天气领域发表论文。从机构分布看，印度热带气象研究所、美国国家大气研究中心、中国科学院、耶路撒冷希伯来大学、中国气象局、怀俄明大学、美国国家海洋和大气管理局、科罗拉多大学、南京信息工程大学、印度普纳大学和美国加利福尼亚大学的发文量位居前十，说明全球人工影响天气领域主要以这些机构为主（表5.2）。其中，印度热带气象研究所（79篇）、美国国家大气研究中心（74篇）和中国科学院（66篇）的发文量总和占全球总发文量的24.8%，是人工影响天气领域研究最活跃的机构。

篇均被引次数排名前三的机构分别是耶路撒冷希伯来大学（54.4次）、美国国家海洋和大气管理局（44.5次）和科罗拉多大学（25.2次）；H指数排名前三的机构分别是美国国家大气研究中心（25）、耶路撒冷希伯来大学（23）和印度热带气象研究所（22）。耶路撒冷希伯来大学的两个论文影响力指标均排名靠前，展现出其在人工影响天气研究领域的领军地位。

在人工影响天气领域发文量排名前十的机构中，有3家机构来自中国，分别是中国科学院、中国气象局和南京信息工程大学，发表论文量分别是 66 篇、46 篇和 24 篇。三家中国机构的发文总量占中国在人工影响天气领域总发表论文量的 54.7%，是中国在该领域的主要研究机构。但从论文影响力指标可以看出，中国机构的篇均被引次数和 H 指数均较低，与该领域领军机构相比存在一定的差距，学术影响力还有待进一步提升。

表 5.2 发表论文量排名前十的机构及其论文影响力指标

序号	机构名称	发文量 / 篇	全球占比 /%	篇均被引次数	H 指数
1	印度热带气象研究所	79	9.6	18.4	22
2	美国国家大气研究中心	74	9.0	24.7	25
3	中国科学院	66	8.0	14.1	16
4	耶路撒冷希伯来大学	48	5.8	54.4	23
5	中国气象局	46	5.6	19.9	14
6	怀俄明大学	37	4.5	20.7	18
7	美国国家海洋和大气管理局	30	3.6	44.5	19
8	科罗拉多大学	26	3.2	25.2	17
9	加利福尼亚大学	24	2.9	18.7	12
10	印度普纳大学	24	2.9	14.8	12
11	南京信息工程大学（并列第十）	24	2.9	6.5	7

国际合作

从论文合作情况来看，发表论文量排名前十的国家之间的合作网络表明，目前人工影响天气领域的学术合作情况呈现地域性比较强的特点（图 5.2）。美国的国际合作较为密切，与主要发表论文国家均有合作，其中与中国的合作最为密切。中国的主要国际合作对象为美国和以色列，分别合作产出 44 篇和 7 篇。

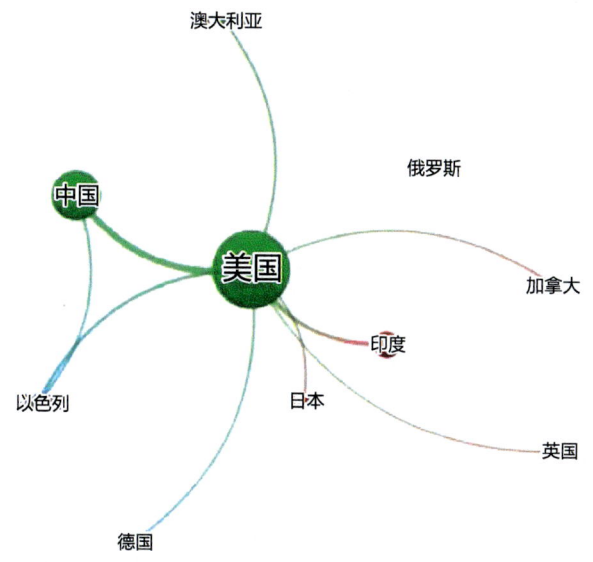

图5.2 人工影响天气领域发表论文量排名前十的国家合作网络（合作发文量≥5篇）

5.5 研究主题

2000—2022年人工影响天气领域排名前十的研究热点主要涉及数值模拟、云微物理过程、播云催化、对流云、气溶胶、雷达、参数化、催化剂、地形作用以及云凝结核。从热点关键词的演变情况来看，近5年来，随着全球变暖以及极端天气、气候事件的不断增多，气候变化和干旱成为人工影响天气领域新的研究热点（表5.3）。

表5.3 2000—2022年人工影响天气领域研究热点变化情况（热度排名前十）

序号	2000—2005年	2006—2011年	2012—2017年	2018—2022年
1	数值模拟	数值模拟	数值模拟	播云催化
2	对流云	对流云	播云催化	数值模拟
3	过冷液态水	云微物理	云微物理	参数化
4	雷达	空气污染	参数化	云微物理

续表

序号	2000—2005 年	2006—2011 年	2012—2017 年	2018—2022 年
5	气候变化	播云催化	催化剂	气溶胶
6	云微物理	边界层	气溶胶	气候变化
7	降水形成	地形作用	对流云	对流云
8	风暴	参数化	云凝结核	雷达
9	地形作用	雷达	雷达	干旱
10	外场试验	催化剂	外场试验	催化剂

5.6 基金资助

科研经费是科学研究活动得以开展的重要基础。从人工影响天气领域论文的基金资助机构看，中国国家自然科学基金与美国国家科学基金是人工影响天气领域论文产出的主要资助机构（图 5.3）。2000—2022 年，中国国家自然科学家基金资助论文数量为 107 篇，占中国人工影响天气领域论文产出量的 59.8%；美国国家科学基金资助论文 94 篇，占美国该领域论文产出数量的 32.4%。

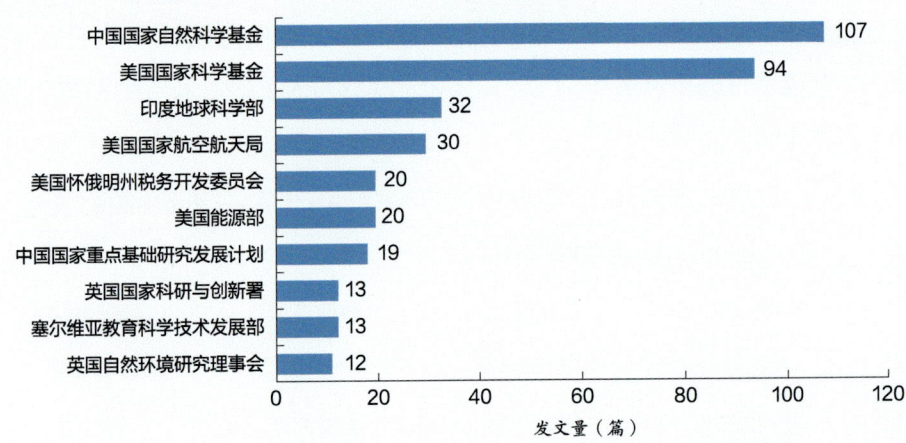

图 5.3　2000—2022 年人工影响天气领域论文排名前十的资助机构